創意合植
輕鬆玩

simple steps to sucess

創意合植輕鬆玩

Part 1 華麗繽紛風

Part 2 舒爽明朗風

創意合植輕鬆玩

創意合植輕鬆玩

Gorgeous & Flourishing

Part 1
華麗繽紛風

盆花宛如一塊畫布。使用大量的季節性花卉，創作一幅色彩豐富的作品！

絢麗花瓣風采四射

美女櫻・繁星花・夏堇・彩葉草・金露花・蔓長春花

夏堇

玄参科一年生植物，6~10月間綻放大量花朵。耐酷熱、多雨及病害，土質不用太講究。不喜乾燥，應隨時澆水，並在生長期施放追肥。

蔓長春花

夾竹桃科植物，花期雖只有3~5月，但葉片卻終年可供欣賞。種植在日照及通風良好之處，土壤表面乾燥時即大量澆水，可在種植時施放緩效性肥料當作基肥。

花器

長方形的陶土盆缽。素燒花器具有優良的通氣性及排水性，非常適合當作組合盆栽。

彩葉草

屬於唇形科一年生植物的彩葉草，觀賞期為全年。較不耐寒，冬季應在室內栽培，夏天則避免放置在日光直射的場所。

繁星花

茜草科的多年生植物。開花期間為5~10月。必須放置在日照條件良好的場所。

美女櫻

馬鞭草科的多年生植物，因花形與櫻花相似而有美女櫻之名。分為實生型與宿根型，在此使用的是宿根美女櫻。不耐酷熱，雖然開花時期為5~10月，但夏季花朵常已凋謝。應將凋謝的花摘除，讓新的花朵早日綻放。

金露花

馬鞭草科的觀葉植物，適合放置在半日陰的場所，並在生長期大量澆水。由於容易長葉蟎，應對葉片勤加噴水以防止蟲害。

以萬紫千紅的草花來創作一盆盆花。中心是粉紅色的美女櫻，群植紫色夏堇、紅色繁星花、淡紫色金露花則向四方開展。最後加上點綴的彩葉草，最後以蔓長春花統合整體型態。眾多種類以大量合植的方式呈現，楚楚動人的草花，也能搖身一變，成為讓人眼睛一亮的華麗盆花。

how to make

植栽要點

應使用具有優良的排水、保水、通氣性、由蛭石和泥炭苔混合各半的土壤，也可以購買市面上已經調配好的培養土。所需土壤約2公升，盆底石約0.4公升，用來提高排水效率，也可以使用小石子或碎輕石。最後，距離盆口留下2公分左右的空間，使澆水時不致灑出。這盆盆花將在5月時盛開，迎向花季高峰期。

綠手指不可不知

為什麼不可以在白天高溫時澆水？

植物由根部吸收水分之後，經由莖部輸送到植株各部位，最後從葉片氣孔蒸散。而水分之所以能被往上吸，就是靠蒸散時的力量。但白天高溫時，植物為了保存水分而關閉氣孔，這時即使澆水，植物也無法吸收，而將水分留在根部，造成根部呼吸困難，這也就是導致根部腐爛的原因。

Step by step 動手做，好簡單

check point

- 土壤應具優良的排水、保水、通氣性，也可使用市售培養土。
- 距離盆口留下2公分空間以利澆水。
- 這盆盆花將在5月時盛開，花期較長，春夏生長期間可施用低濃度的化學肥料。

1 為了防止土壤外漏以及害蟲入侵，在盆底鋪上貼合底孔的防蟲網，接著放入盆底石。盆底石的分量以遮蓋住花器底部為原則。

2 將調製好的培養土放入花器約7分滿，並在上方加入一把肥料作為基肥，充分攪拌使其均勻混合。基肥可使用效果持續的緩效性肥料。

3 從容器中取出美女櫻，放進花器前方正中央的位置。這個位置將成為整體的基準。如果從容器中難取出花苗時，可將容器輕輕敲打地面就可輕鬆取出。

4 將3株夏菫環繞美女櫻種植。為了整體看起來協調，前方的2株應較美女櫻略低，而後方1株則種植得比美女櫻上方花朵稍高一些。

5 將分成2部分的繁星花分別配置在夏菫的兩側。並在面向左側的位置加入彩葉草，增添色彩的變化。由於彩葉草的前後還要種植花苗，必須先預留空間。

6 在花器兩側植入金露花。斟酌美女櫻及繁星花等紅色系的花朵同時，加入綠色系的金露花作為點綴。

7 最後將蔓長春花植入花器前方兩側。從花器內部懸垂延伸，展現出自然的氣氛。輕輕澆水並補充不足的土壤，一面調整整體型態。

8 澆水時單手輕輕壓住花苗，不讓水分碰到花和葉，直接對根基部澆水。供給充足的水分，直到水從盆缽底孔流出為止。之後可放置到通風且日照良好的場所。

盆花配置

50cm

5 2 5
3 3
4
1 1 1
6 2 2 6

1.美女櫻　4.彩葉草
2.夏菫　5.金露花
3.繁星花　6.蔓長春花

自然平實、隨風搖曳的小花小草，為日常生活增添溫馨色彩。

柔和花草牆面美妝

香櫻花・紅尾鐵莧・粉露草

粉露草

葉色豔麗的多年生觀葉植物。綠色的葉片上不規則地分布著粉色小斑點。性喜溫暖環境，過冬條件需要在最低12度以上。生長容易，須仔細的剪定易過長的莖部，以調整整體的型態。

花器

在種植比較大面積、有分量的花材時，應選用設計較單純的花器。此外，懸吊擺設時土壤容易乾燥，應盡量使用保水力較好的土壤。

香櫻花

茜草科多年生草花，正式名稱為*luculia*，一般多以香櫻花稱呼，為10~11月間開花的香花樹木代表。不耐嚴寒或酷熱，因此夏季及冬季必須以寒冷紗等覆蓋，避免日光直射曝曬以及冷空氣侵襲。

紅尾鐵莧

大戟科的常綠闊葉灌木，每到4~10月莖部向外伸展，並開出紅色小花。花朵有如貓尾。應放置在日照良好的場所，並且大量澆水。

以柔和色調的花朵，搭配質地輕柔的觀葉植物合植，創造出沉穩安定感覺的盆花。以淺粉紅色的香櫻花作為主花，陸續綻放的花朵為妝扮花器帶來層出不窮的變化。其間露出紅色表情的是屬於蔓生性的紅尾鐵莧。如果想讓整體造型看來更有分量，可以在種植時用手將莖部輕輕伸展開。最後的點綴則是使用色彩特殊的粉露草，不僅使得整體看來相當協調，更有畫龍點睛之效。在使用香櫻花這種醒目的主花時，配合同色系且富有動感的植物是一項重點，除了讓人眼睛一亮，也添加些許柔和氣氛。

how to make

植栽要點

可使用調配好的培養土，若想要自行調製，則以赤玉土6、腐葉土4的比例混合最為適當。此外，考量到花器懸吊應減輕重量，赤玉土可用蛭石或是珍珠石代替。這裡所使用的土壤量約為1公升，而利於排水的盆底石則約0.2公升。植物苗土只需將根部下方的土壤除去少許，即可種植。基肥方面，使用長時間有效的顆粒狀緩效性肥料，肥料的顆粒越大，持續的效果也越久。

綠手指不可不知

饒富趣味的陶製盆是具個性化的花器選擇

用陶土素燒而成的陶製盆，是一種相當環保的素材。而長時間使用下，陶製盆含有的鹽分會浮現變白，或者長出青苔，更能增添不少風味。一般而言，亞洲生產的陶製盆，製程較短，容易破裂，也比歐洲生產的較快長出青苔，可讓整體的風味早日呈現。

check point

- 放置在日照良好並且通風的場所，過於乾燥時會產生葉蟎，應按時澆水，冬季可稍微減量。
- 粉露草在日照良好的環境下葉色會顯得更鮮豔，可另在其葉片上噴灑水分。蔓生性的紅尾鐵莧應勤於整枝及摘花，多讓側芽分生。
- 使用壁籃時，應配合輕質土壤，控制整體重量。

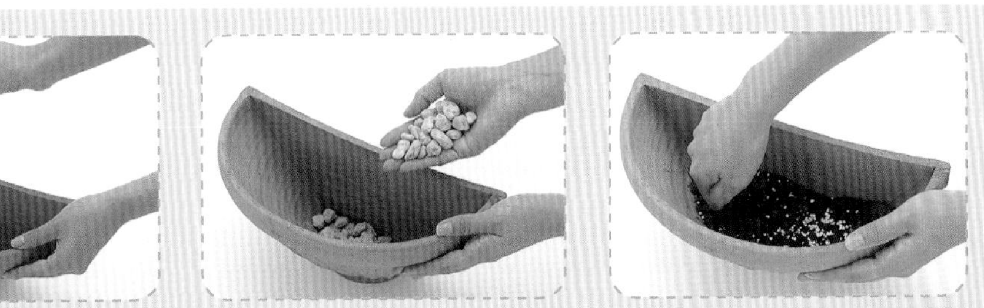

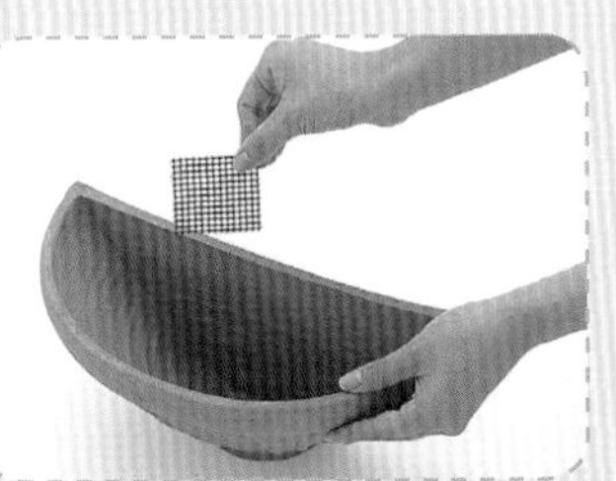

1 為防止土壤掉落以及蟲子入侵，先鋪上一片貼合底孔的防蟲網，並選擇底部有孔的花器以利排水。

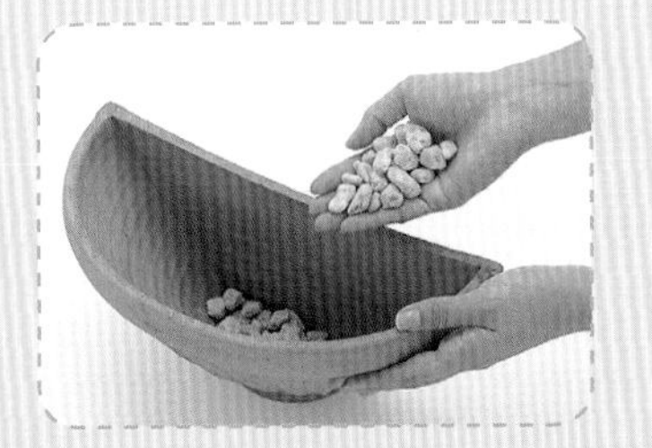

2 將盆底石鋪在盆底約2～3公分高，不但有助排水，並且能讓花器整體較輕，懸掛在牆上或窗邊也不成問題。

3 放入2～3公分厚度的培養土。由於花器的容量較小，應把合植的植物根球量也計算在內。在培養土中放入作為基肥的緩效性肥料，並充分攪拌混合。

4 從盆缽中取出香櫻花，輕輕剝落下方土壤。不可勉強剝落過多土壤，會造成根部損傷。

5 先將香櫻花盆缽置入花器，配合花器周圍垂下的紅尾鐵莧，確認整體造型均衡，然後再將香櫻花放入花器內。

6 將紅尾鐵莧植入正前方。運用藤蔓植物的特性，讓長長的莖部從花器邊緣四溢。將莖部整個向外延伸，並調整盆花整體造型。

7 在香櫻花及紅尾鐵莧之間，穿插粉露草。綠葉部分最好種植在較扎實的地方，以調和整體色彩。

8 用免洗筷盡量在不碰觸到花與葉的情況下，將花苗之間的空隙用土壤塞滿，並對根基部充足給水，之後即可吊掛在日照良好處。

盆花配置

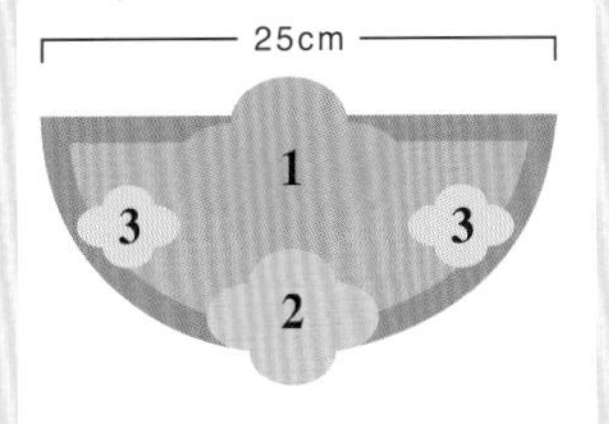

1.香櫻花
2.紅尾鐵莧
3.粉露草

身披華麗彩衣的粉紅色系花卉秀，在陶盆舞台中綻放搶眼光彩。

嬌豔瑰麗的百花宴

九重葛・吊鐘花・大飛燕草・非洲金盞花・白金菊

大飛燕草

又名為千日草，屬於毛茛科多年生草本植物，因忌高溫高溼，多被視為一年生的切花花卉。經由品種改良後，目前也出現多年生草本以及盆花的品種，從矮性種到重瓣的大瓣高性種皆可見，花色非常豐富，有粉紅、橘、紫、藍、白等。

吊鐘花

分布於中南美、紐西蘭的柳葉菜科常綠灌木。因忌高溫、高溼，所以夏季較難管理照護。經過品種改良後，增加了耐暑、耐寒的品種。花色有紅色、粉紅色、白色與紫色等。花期從春天到秋天，在遮蔭半日照環境中依然開花。有些品種花開四季，即使放在室內窗邊，冬天依然會開花。

陶盆

挑選陶盆的3個要點為外形簡單，顏色淡雅，適合搭配色彩搶眼的花材，同時可以容納較高、較多的植物。

九重葛

紫茉莉科常綠蔓性灌木，原產於中南美洲。蔓狀莖外側的粉紅色部分為變形的葉片稱為苞葉，除了粉紅色外，還有橘色與白色品種。

非洲金盞花

原產於南非，生長範圍極廣的菊科草本植物。好日光直射，具有早晨開花，傍晚閉合的特性。花色十分豐富，除了有紫、深紫、鮮黃之外，還有花心呈黑色，以及花瓣呈白色，花心呈灰藍色的品種，甚至有花瓣正反面不同顏色的品種。

白金菊

分布於澳洲溫帶地區的菊科植物。別名白金的白金菊，其銀白色細莖會四處伸展。一年四季皆可觀賞到。

這盆合植的主角是花瓣褶邊的粉紅色九重葛，與有「貴婦耳環」之稱的桃紅色吊鐘花。而周遭彷彿一躍而出的藍色大飛燕草、深粉色非洲金盞花與銀白色的白金菊，將九重葛與吊鐘花襯托得鮮麗動人，這是一盆色彩鮮麗的合植盆栽。

how to make

植栽要點

此盆栽需選用排水良好的土壤，為了促進根部生長，要確定土表乾燥後再給水。特別是九重葛若控制水分，開花情況較為良好。吊鐘花的細根吸水力強，但也容易引發根腐病，要特別注意水量。此外，夏季澆水時要在早晨日出前與傍晚日落後進行，每次的水量以水自盆底排出為止 。

綠手指不可不知

美麗的貴婦耳環

吊鐘花是由4片狀似花瓣的萼片，以及包在萼片中的單瓣或重瓣花瓣(花冠)所構成。為了以蜜汁與果實誘惑鳥類授粉，所以外形生長奇特，花朝下開，如同高雅美麗的貴婦所戴的耳環一般，而有「貴婦耳環」之稱。

check point

- 盆中植物皆喜好充足的日光，但酷暑時須移到通風良好的場所。倘若放置在反射嚴重的陽臺、屋頂花園上，就要預防水分蒸發。
- 澆水時同時添加富含磷肥的開花肥，便可開花不斷。
- 為了延長花期必須勤於摘除花梗，九重葛花期結束後要進行整枝，留下2～3節枝條。

1 盆底鋪上防蟲網，將盆底石(可用石礫或大顆粒赤玉土替代)鋪滿陶盆1/5高，以利排水。

2 盆底石上方鋪3～5公分高的培養土，再將一把緩效性肥料做基肥，充分拌勻於土壤內。

3 將九重葛植入陶盆中央。一般是將最高的植株種在花盆最內側，但橢圓形陶盆則是從體積最龐大的植株開始種植。

4 將吊鐘花植入九重葛左方。吊鐘花的白細柔根若結團就先撥開，因為吊鐘花容易折枝，擺設要特別小心。

5 將白金菊植入右側前方，要注意盆栽的均衡感，並考量吊鐘花下垂的模樣來決定盆緣花卉的分量與植株坐向。

6 最後才植入最高的大飛燕草。若空間不夠，可先將大飛燕草撥散沿著盆緣植入。

7 右端與右側種2棵非洲金盞花。先摘除變色的底葉與花瓣，植入後用土將植株的根基間隙補滿。

8 側面開洞的陶盆只要鋪滿土，澆水時水便會溢出，所以必須對根基部澆灌，讓土壤完全吸收水分。

盆花配置

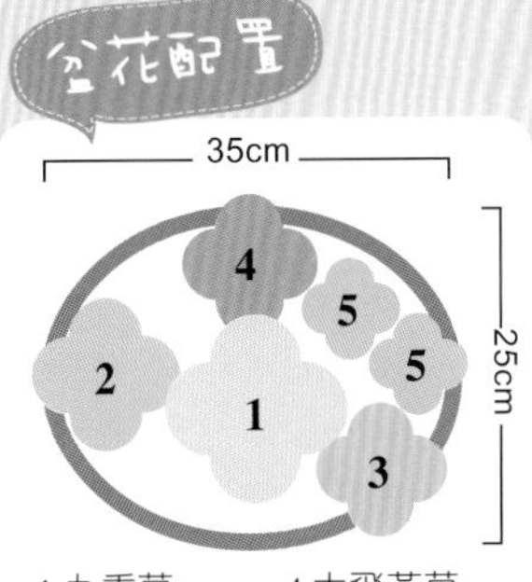

1.九重葛
2.吊鐘花
3.白金菊
4.大飛燕草
5.非洲金盞花

以非洲金盞花為主角，似錦繁花交相爭豔，宛如一片嫣紅小草原

草原風情搖曳生姿

非洲金盞花・蓬蒿菊・紫扇花・翠蝶花・常春藤

非洲金盞花(粉紅)

原產於南非的菊科非洲金盞花屬植物，因半耐寒或耐寒，所以分為一年生與多年生草本2種。好光，喜好排水良好的土壤。對日光十分敏感，天色一暗花朵便會閉合。花色依種類而有多種不同變化。

非洲金盞花(白)

是非洲金盞花當中最近似原生種的一種，外形獨特，花瓣向外捲，中心與外表截然不同呈紫黑色，帶螢光色光澤是特徵之一。

花器

長方形的陶土盆缽。素燒花器具有優良的通氣性及排水性，非常適合當作組合盆栽。因多半用來放置窗邊，又稱為窗臺花槽。

蓬蒿菊

原產於非洲加那利群島的菊科多年生草本植物，強健容易栽培，定植札根後只要定期修剪便可生長良好。喜好日照充足、稍微乾燥的環境。必須使用富含有機質的土壤，每月以液肥追肥一次。

翠蝶花

在日本又稱為琉璃蝶草的桔梗科植物，分一年生與多年生2種。莖部分為向上生長的直立型與向兩旁伸展的匍匐型。此處使用匍匐型品種，必須放置在日照充足、通風良好的場所。

紫扇花

原產於澳洲的草海桐科多年生草本植物，因花瓣如扇形故得其名。花期自春到秋季。莖部有向四處伸展的特性，適合種植吊籃中。必須定期修剪、施液肥。

常春藤

此為常春藤一般品種，屬於多年生且耐寒的蔓性常綠植物。莖節部分有氣根，可攀附壁面生長。是合植盆栽中常見的配角。

這盆以菊科植物作為花材的合植盆栽，儘管外形十分相似，但有些朝上方，有些則朝兩側盛開，還是讓人感覺十分與眾不同。此外，利用莖部的伸展方式也可以營造出微風吹拂下的美麗草原景致。此處所使用的長方形陶盆也可以圓形盆器取代。完成後可以將這盆充滿原始美的合植盆栽，放在明亮的向陽處，更添其絢麗美景。

how to make

植栽要點

這個盆栽中的所有植物皆偏好肥沃土壤，所以必須使用能夠適度保水同時富含有機質的土壤。以泥炭苔與椰殼泥炭、腐葉土、赤玉土等量混合的土壤為佳，再添加少量堆肥或黏土粒、緩效性粒狀肥料效果更好。泥炭苔具有調節水分的作用。合植植物前，在土中撒上少量緩效性複合肥料，可誘引植物根部伸入土中。合植後必須放置在明亮的向陽處管理。

綠手指不可不知

非洲金盞花一名的由來 讓人充滿了無限的遐想

非洲金盞花的種子，即使是同株而生，也會因為結果位置不同而出現2種不同形狀，因此才會有Dimorphotheca(2種果實)的屬名。然而也有另一種說法，就是「Dimor」是源自「Damon」(惡魔)一詞。非洲金盞花的原種其後捲的花瓣讓人聯想到惡魔的耳朵。花色美麗，富光澤，並隨著日光開花閉合的生理現象，讓人充滿了無限遐想。

Step by step 動手做，好簡單

check point

- 此盆栽的花卉全部好光，因此放置在日照充足的窗邊。之後要定期修剪，整理莖、葉以保持良好的通風。
- 非洲金盞花容易出現蚜蟲寄生，定植後開花的翠蝶花忌悶熱，要勤於摘除老葉與老莖。
- 修剪時要配合朝上生長的蓬蒿菊，維持整體平衡。

1 剪下適當大小的防蟲網鋪在陶盆底部，上方鋪上2公分高的小石礫，最後鋪上培養土。培養土的高度必須配合最大一株幼苗的深度。

2 培養土撒上粒狀緩效性複合肥料，將最高的蓬蒿菊植入中央偏左後方的位置。

3 將白色的非洲金盞花種在蓬蒿菊前方。種植前撥鬆植株根球，順著莖部伸展的方式，讓植株向前彎下。

4 將粉紅色的非洲金盞花種植在陶盆最左側蓬蒿菊旁。最右側則植入紫扇花。紫扇花稍微平放，看起來彷彿自兩側伸展而出之姿。

5 隨時補土將空隙填滿。紫扇花後方也必須補土，並適當調節深度，讓小株的翠蝶花苗得以固定。

6 土壤高度調整完畢後，將翠蝶花的根球稍微撥鬆植入。盆栽的角落再補土直到沒有空隙為止。

7 接著植入常春藤。以芽插法在盆內繁殖眾多的常春藤，可以輕易分株。撥開部分常春藤來加強修飾盆栽。

8 最後將全部空隙補土填滿並澆水，直到水自盆栽底部流出。若出現空隙則要持續補土。完成後放置2～3天，適應新環境後再放置向陽處。

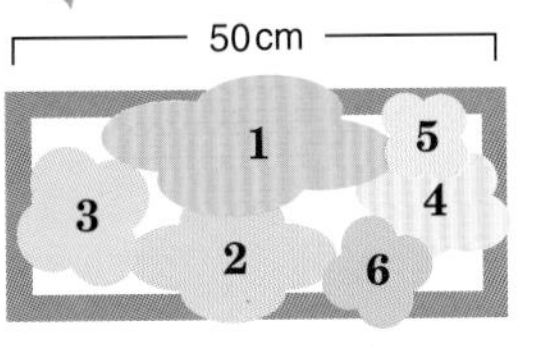

1.蓬蒿菊
2.白非洲金盞花
3.粉紅非洲金盞花
4.紫扇花
5.翠蝶花
6.常春藤

活用枝條與植物的高度，充滿和風插花感覺的合植盆栽

花與木的和風協奏曲

瑞木・荷包花・金蓮花・蠟菊・利仁爵床

瑞木

春初盛開淡黃色小花的瑞木科落葉灌木，常被作為庭園綠蔭樹。花季過後可欣賞綠葉，進一步生長後可作為庭院樹。

蠟菊

菊科蠟菊屬，分別有一年生草本與多年生草本的品種。蠟菊最大特徵，就是花瓣如同紙一般輕薄。花色豐富，花徑也相當多元，必須種植在向陽且排水良好的土壤中。

利仁爵床

爵床科多年生草本植物，原是東南亞叢林下方植物，不耐寒，但卻相當耐暑，極適應遮蔭半日照環境。

陶盆

此一口徑極大的法國碗型陶盆充滿了濃厚的日本味，也可用類似品替代。

荷包花

原產於智利的玄參科一年生草本植物。包囊狀花朵外形如同其名。原生種為多年生草本植物，經過改良後目前市售的幾乎都是秋播的一年生草本植物。必須種植在通風良好的向陽環境中，並充分澆水，但勿讓花、葉碰到水。

金蓮花

別名金旱蓮，金蓮花科蔓生一年生草本植物。花、葉與山葵相似，帶有強烈辛辣味的香草，可用於沙拉中。春初到夏季依序開花，不耐熱，酷夏必須放置冷涼環境中。

這是一盆罕見的插花型合植盆栽。大膽運用落葉灌木的瑞木、荷包花與金蓮花等，開出如同黃金般黃花的木本花卉，搭配綠色陶盆，讓整體顯得調和而平衡，非常適合放置日式庭園、玄關或水泥建材的歐式客廳。

how to make

準備工作

植栽要點

合植盆栽所使用的土壤是混合等量的泥炭苔、椰殼泥炭、腐葉土、赤玉土，再分別加入少量堆肥、黏土粒與緩效性的粒狀肥料。泥炭苔除了可以改良鹼性土之外，還具有調節水分的作用。此外，椰殼泥炭在市面稱之為「可可泥炭」。

綠手指不可不知

挑戰高難度的合植盆栽 聚焦利仁爵床

以黃色花卉為主題所設計的合植盆栽，是十分棘手的。因為黃色花卉不是容易被其他花卉搶走光彩，就是過分顯眼。所以必須用色系相近的綠色植物搭配，以1%左右的量做重點式修飾。紅色的利仁爵床是盆栽中的焦點，可讓盆栽的上半部看起來緊湊。

check point

- 這盆合植匯集盛開密集小花品種，必須常修剪徒長莖，並勤摘花梗讓養分能夠充分供應植株。
- 荷包花等花卉更要勤於摘除花梗，否則會發霉產生疾病。
- 春初開可愛小花的瑞木會轉為翠綠色，盆栽裡的植物景象也會隨之轉變。
- 必須每月追肥一次以補充養分。

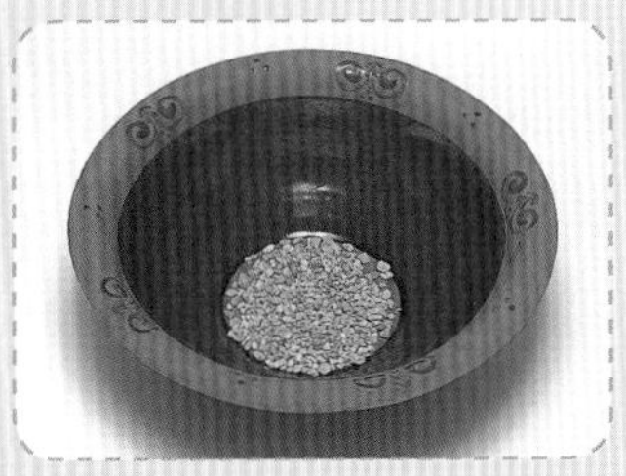

1 底部鋪上防蟲網，洞口周邊布滿小石礫，接著確認盆栽的大小，加入適量的培養土。

2 將粒狀緩效性肥料鋪在培養土上，直到土表看起來全白為止。接著攪拌上方，並將土壤整平。

3 首先在盆栽的中央植入面積最大的瑞木。先稍微剝掉根部周圍的舊土，種植在正中央。此時要觀察枝條的走向，決定完成後的模樣。

4 用覆土器調節深度植入荷包花。2株荷包花的盆土一前一後向瑞木傾斜，種在環繞瑞木的位置。

5 將蠟菊平均種植在3株植物的前方，自左右伸展開來。小心撥開纏繞的細莖，避免折斷。

6 盆栽正面偏左的位置植入利仁爵床，注意與瑞木枝條伸展是否取得平衡。

7 最後將2株金蓮花分別植入左後方與右前方。右側的金蓮花可自蠟菊的莖部間朝下方伸展而出。

8 將縫隙間補滿土，接著充分澆水，小心不要讓花朵碰水，直到水自盆底流出為止。完成後，先放置在遮蔭半日照處照顧2～3天。

盆花配置

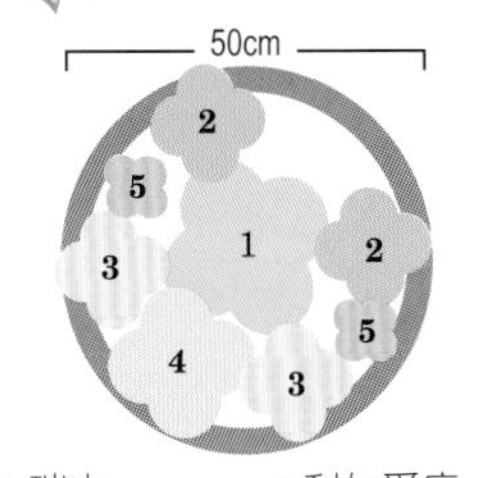

1.瑞木
2.荷包花
3.蠟菊
4.利仁爵床
5.金蓮花

攀緣的蔓性植物包圍著緞帶般的嫣紅花朵，以壁面為舞臺朵朵爭相鬥豔。

創意壁籃牆面爭豔

盾葉天竺葵・錦蔓長春・小葉馬纓丹・常春藤

錦蔓長春

夾竹桃科多年生草本植物，生長力旺盛。 3～5月、9～11月會開淡紫色花。具有多數蔓莖自植株基處伸展並密集生長的特性，讓合植盆栽的外觀看起來十分飽滿。

小葉馬纓丹

馬鞭草科小葉馬纓丹屬耐寒常綠小灌木，喜好向陽且排水良好的環境。花期極長，為3～10月。除了寒冷地區外，可放置戶外，並以分株、扦插、芽插法繁殖。

掛籃

造型相當簡單的陶質掛籃，適合讓蔓性植物發揮獨特風姿。組合2個掛籃，便可以成為懸掛屋簷的吊籃。

盾葉天竺葵

牻牛兒苗科半耐寒多年生草本植物。喜好乾燥涼爽，葉形與常春藤相似。常年開花，3～10月為顛峰期，每月加2～3次富含磷肥的液肥，可使開花情況更為良好。

常春藤

別名為西洋常春藤，五加科常春藤屬蔓藤植物。適應力強，10～11月開花。必須勤於對葉面噴霧，3～9月施加追肥。有著淡黃色的葉脈搭配淡綠色葉片，視覺上十分富有變化，是極受歡迎的襯托植物。自古埃及、希臘時代即被視為聖樹。

這盆鋪種攀緣蔓性植物的掛籃合植盆栽，有著盾葉天竺葵的心狀葉、錦蔓長春鑲斑的圓形葉，以及小葉馬纓丹的卵形葉、常春藤的三角葉，各種不同種類的葉片形成茂盛的綠色小叢林，包圍著鮮麗耀眼的粉紅色盾葉天竺葵。

how to make

準備工作

植栽要點

陶盆本身較為沉重，作為吊籃時要盡可能減輕重量。使用赤玉土(也可使用防止乾燥的蛭石)、泥炭苔、珍珠石為5：3：2所混合的土壤。上方必須空出2～3公分的水溝，以免澆水時弄髒盆栽與壁面。吊籃雖透氣，但也容易乾燥，必須隨時注意補充水分。

綠手指不可不知

絢麗百變的天竺葵 廣泛用於不同的用途

天竺葵大致可分為花期一年四季的馬蹄紋天竺葵(普通天竺葵)與花期一季的大花型天竺葵(法國天竺葵)兩種。不論是花色、花徑大小都極富變化，有些楚楚動人，有些則花形極為燦爛。在日本稱為七變化的天竺葵，為花色日漸加深的普通天竺葵，以及著名香草之一的牻牛兒苗、香葉天竺葵等。

check point

- 此盆栽必須掛在日照充足、通風良好且不會直接淋雨的壁面，並適當的修剪蔓莖，以促進側芽生長。
- 盾葉天竺葵與錦蔓長春容易悶壞，要隨時摘除受傷葉片、修剪植株。
- 為了避免小葉馬纓丹遭粉介殼蟲、葉蟎寄生，以及罹患白粉病，可在株基處埋錠劑加以預防。

1 鋪上防蟲網，上方鋪上2～3公分高的盆底石。若想減輕重量，可用細小的發泡石替代。

2 一開始鋪滿2～3公分厚的培養土，撒一把緩效性肥料，再充分拌勻所有土壤。

3 將作為掛籃主景的2株盾葉天竺葵種在盆器最後方，考慮到花的坐向以及蔓莖伸展的方向進行調整後定植。

4 若植物根球過小、容易散開，可以趁現在確實固定植株。以覆土器用少許土補滿2株盾葉天竺葵之間的縫隙並輕壓。

5 將小葉馬纓丹種植在盆器前方邊緣，使蔓性莖、葉優美垂下。同時調整根球的坐向，讓大部分的花朵盡量顯現。

6 撥開盾葉天竺葵與小葉馬纓丹葉片，將錦蔓長春種在其間，並讓鑲斑葉片朝外伸展。

7 將常春藤的根球撥散，並調整向外伸展的蔓莖長度，加種在最右端。確定植株定植的位置、深度與坐向，調整整體的平衡度。

8 調整全體外形，並用土補滿植物根球間的空縫。用手將葉片撥開對著根部充分澆水，直到水自盆底流出為止。

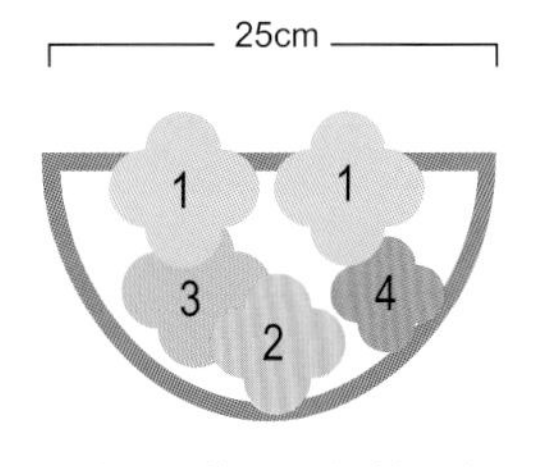

1.盾葉天竺葵　3.錦蔓長春
2.小葉馬纓丹　4.常春藤

活用紅、黃、橙等各種顏色，醞釀出有如樹雕般的獨特合植造型。

奇花異果創造幻境

火刺木・南天竹・玉珊瑚・西洋岩南天・不丹琉璃茉莉・扶芳藤・絡石・朝鮮紫珠・薜荔・佛甲草

南天竹

小蘗科的常綠灌木，秋冬期間會長出紅色的果實。建議栽植在排水良好的肥沃土壤中，向陽或是半日陰環境皆可適應。

西洋岩南天

杜鵑花科的常綠灌木，特徵是枝條前端會彎曲。必須種在肥沃土壤中，並注意不要讓土壤乾燥。向陽或是半日陰環境都可以栽植。

不丹琉璃茉莉

藍雪科的多年生草本植物，分枝很多，莖會朝向四方生長。可以栽植在排水良好且向陽或是半日陰的環境。

絡石

夾竹桃科的常綠爬藤植物，5～6月時會開出淡黃色小花。在向陽環境下花形會比較漂亮，不過在半日陰的環境也可以栽植。建議使用肥沃的土壤。

盆器

這次選用的是大小兩個方形素燒盆器。由於深度夠，即使是灌木植物，根也可以生長得很好。

火刺木
薔薇科的常綠樹，冬季會長出鮮豔的黃色或紅色果實。處理時要特別注意尖銳的突刺。性喜向陽，需種植在排水良好的土壤中。

玉珊瑚
屬於茄科的常綠灌木。在歐美也被稱為聖誕櫻桃，夏天到初冬會長出紅色或橙色的果實。需要擺在陽光充足且通風良好的地方。

薜荔
桑科常綠爬藤植物。需要充足的陽光，性喜潮溼環境，因此要保持水分的補給。

扶芳藤
屬於衛矛科常綠爬藤植物。長達10公尺的藤蔓，常常作為地被植物使用。只要有排水佳的土壤，在陰暗處也可以生長得很好。

朝鮮紫珠
屬於馬鞭草科的落葉灌木，一到秋天果實就會熟成變為紫色。向陽或是半日陰的環境皆能適應，建議栽植在稍微溼潤的土壤中。

佛甲草(3種)
景天科的多肉植物，顏色與形狀繁多。許多種類會像青苔一般覆蓋住地面，從向陽到半日陰環境皆可栽種，不挑剔土質。

首先以呈現出螺旋狀、會長出紅、黃色果實的火刺木樹株為中心，加上玉珊瑚的亮眼果實與朝鮮紫珠的顏色，造型令人印象深刻。此外，在直立的火刺木周圍，配置上線條圓滑的灌低木與莖部帶有些律動感的爬藤植物，只要組合各式大大小小的盆器，就會是一場最華麗的演出。

how to make

準備工作

植栽要點

適合的用土是赤玉土與腐葉土以7：3的比例所混合的土壤。另外，建議要保持在稍微溼潤的環境，每天澆水直到水從盆底流出為止。冬天時，等到玉珊瑚的葉子開始枯萎時再施加水分即可。

綠手指不可不知

為何要鬆開根部再種植呢？

根部在盆器或育苗缽內部的生長可能會過於旺盛，而盤繞著根缽底部迂迴生長。所以在種植時可順道整理根部，解決根部生長空間不足或是糾結的情況。此外，在切除的地方也會長出能夠吸收水分與營養的毛細根，可促進植物活性化。

check point

- 在向陽或是半日陰環境下管理照料，初春時可以施加置肥補充營養分。
- 春天到夏天期間，從分枝處修剪掉多餘的枝條。
- 這次使用的植物壽命大多都很長，合植欣賞完後，還可以改種在地上。

1 在大盆器的盆底穴鋪上防蟲網，放入高度約5公分的盆底石，接著放入5公分左右的培養土。之後在土壤表面撒上肥料，以手稍稍整平。

2 將高度較高的火刺木種植在盆器正中央，南天竹種植在火刺木後。讓分量十足的火刺木與南天竹伸展的莖部形成強烈的對比。

3 在火刺木根部斜右前方種入玉珊瑚，左側則配置西洋岩南天，調整莖的方向以顯現出空間感。

4 在盆器正面偏左側處，種上不丹琉璃茉莉，並讓莖蔓從左右兩邊垂下，另外在旁邊配置扶芳藤。不要讓莖交雜在一起。

5 絡石則補上土壤後配置在右邊角落，並讓莖蔓流瀉到盆器前方，之後，在各株的細縫之間仔細地加上土壤。

6 在小盆器中鋪上防蟲網，加入2公分左右的盆底石，再放入5公分的培養土，最後施加肥料。將火刺木種植在中央。

7 將朝鮮紫珠種在火刺木後方，在盆器前方種植薜荔，讓藤蔓有如滿溢出盆器般垂降下來，並調整整體姿態。

8 在各株的空隙補足土壤，切除佛甲草的根缽下部，從右後方往前排列過來種植。再次確認是否有間隙，最後補充水分。

盆花配置

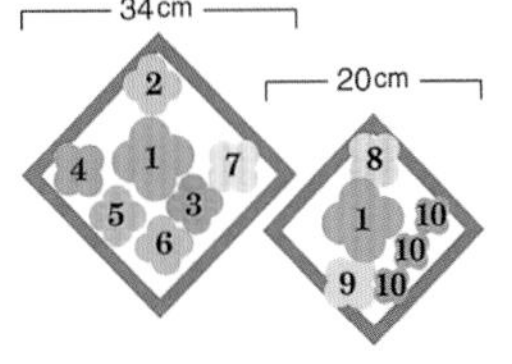

1.火刺木
2.南天竹
3.玉珊瑚
4.西洋岩南天
5.不丹琉璃茉莉
6.扶芳藤
7.絡石
8.朝鮮紫珠
9.薜荔
10.佛甲草

色彩鮮豔形狀各異的葉面組合，與惹人憐愛的花朵，營造出童話般的可愛世界。

魔幻色彩的童話世界

迷你彩葉甘藍・斑葉絡石・三色堇・筋骨草

斑葉絡石

夾竹桃科的常綠植物，特徵在於藤蔓前端的葉子顏色是稍微泛粉紅的白色，而下方的葉子則是帶點白色的綠葉。須以籬笆等設施來誘導生長方向並固定。強壯易栽植，只要是在寒冷地帶以外，就不太會挑剔土質。

筋骨草

為唇形科的匍匐性植物。歐洲原產的品種常常被當作地被植物使用，園藝品種相當豐富。 由於具有長出走莖的性質，相當適合合植。耐熱且耐寒，不論是向陽或是半日陰環境都可以栽種。

盆器

擁有溫暖感覺的木製盒子能夠突顯出彩葉甘藍與三色堇的搭配。通氣性與排水性都非常好，一年四季都可以提供植物最佳的生長環境。

擁有菫菜之別名的菫菜科植物。花色與花朵大小形形色色，不論是哪一品種都非常強壯，花朵可以綻放很長的一段時間。使用排水良好的用土，注意不要使其乾燥。

迷你彩葉甘藍

歐洲西南部原產的十字花科植物，性喜向陽與排水良好的土壤，而只要稍微接觸到寒氣，中央簇生的葉子顏色，就如同牡丹花一樣鮮豔漂亮。這裡所使用的是外側葉子稍稍呈現圓形的圓葉類，以及葉片捲曲成波浪狀的淺裂葉類2種。

將擁有獨特草姿的迷你彩葉甘藍種植在木製盒子中，就會呈現出玲瓏可愛氛圍。這次配合迷你彩葉甘藍的顏色選用了三色菫，以同色系來整合，創造出紫色與粉紅的顏色層次。再植入斑葉絡石與筋骨草，並使其從邊緣垂懸而出，增添淡淡的色彩。

how to make

植栽要點

三色堇的盆缽苗大多使用較重且黏稠的土壤，此種土壤一旦乾燥就會變硬，而無法吸收水分。所以購買的時候要選擇土壤較柔軟，株基部較緊實的。購入後要盡快種植到排水良好的土壤中。此處的用土，是以草花用的培養土4、小顆粒赤玉土4、腐葉土1.5、蛭石0.5的比例所混合而成的，排水良好且富養分，適合合植。

綠手指不可不知

彩葉甘藍的四大系統

原產在歐洲的彩葉甘藍，最初被稱為「荷蘭花」，其後因為狀似鮮豔的牡丹，所以又名「花牡丹」。目前的園藝品種主要分成四種，一個是江戶時代的東京圓葉類，還有葉緣狀似波浪，顏色相當鮮豔的大阪圓葉類，還有葉片會萎縮彎曲的名古屋細麵類，以及以蜷曲的紅色葉片為特徵的珊瑚類。

Step by step 動手做，好簡單

check point

- 要擺在陽光充足的地方管理。待土壤表面乾燥後，就從栽植盆邊緣澆灌充足的水分，注意不要淋到三色堇與彩葉甘藍。
- 三色堇凋謝的花應即摘除，若放任則會長出種子而消耗掉營養分，最後會使得植株衰弱。
- 這類合植可維持很長一段時間，春天時從彩葉甘藍的中央還會長出花莖。

1 用防蟲網遮蓋栽植盆的底穴，並放入盆底石。由於栽植盆較淺，盆底石只要鋪滿一整面就足夠了。

2 將混入緩效性化學肥料的用土，放入栽植盆中約一半高度。適度調整盆栽土的高度，使得種入植物時，讓植物的基部稍微比栽植盆邊緣較矮一些 。

3 先種入最主要的3株彩葉甘藍(圓葉)。設法使前方兩株的角度 有如依靠在栽植盆邊緣一般，營造出柔美的感覺。

4 栽植盆的左前方種入筋骨草，後方則配置斑葉絡石。將2株斑葉絡石合為一體，並包圍住筋骨草種植以顯現出分量感。

5 將2株彩葉甘藍(淺裂葉)種在盆的右側，一樣稍微偏向栽植盆的邊緣。

6 將2株粉紅色的三色堇並排種植在栽植盆的後方中央處。若根部有糾結情況，則要先鬆開根部，並小心摘除受損的下葉。

7 將2株紅紫色的三色堇種在粉紅三色堇的兩側，淡紫色的三色堇種在筋骨草後方。種植時要避免傷害到葉子或是花莖。

8 在各株之間及細小的空隙補足用土，可讓植株更加穩固。然後從栽植盆邊緣緩緩注入水分就完成了。

盆花配置

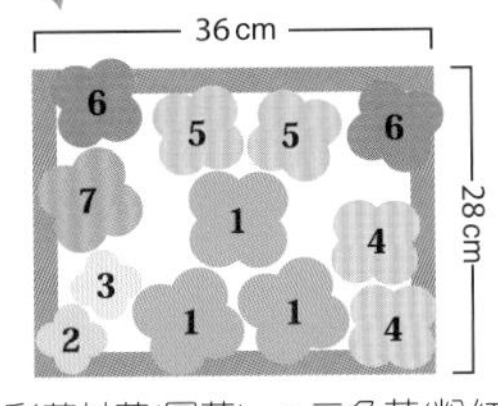

1.彩葉甘藍(圓葉)
2.筋骨草
3.斑葉絡石
4.彩葉甘藍(淺裂葉)
5.三色堇(粉紅)
6.三色堇(紅紫)
7.三色堇(淡紫)

蝴蝶般高雅優美的花姿，展現高貴氣質的蘭花魅力。

熱情舞動的華貴旋律

虎頭蘭・文心蘭・火鶴

虎頭蘭

別名「東亞蘭」，附著在樹幹等處生長，幾乎為著生或半著生品種。5月中旬至10月中旬之前應放在室外管理，而冬季則移入室內栽培。這裡使用的是容易栽培的「細波」品種。

火鶴

屬於天南星科的觀葉植物，這盆合植盆花使用有著朱紅色苞片以及心形葉片的*Anthurium andreanum*。全年應放置在明亮的遮蔭處管理，而必須在室內過冬。乾燥時澆水即可，但須勤加對葉片噴灑水分。此外，應每2個月施放一次置肥。

花器

著生種蘭花適合通氣性佳的素燒盆缽。這裡使用的是西班牙製的壺形盆缽，質地輕薄加上色彩明亮，波浪狀的外緣配合花臺營造出立體感，並且更突顯出輕盈氣氛。

文心蘭

著生種蘭科植物，特徵是有著大型唇瓣，常作為切花之用。5月中旬至10月中旬放置在通風良好的室外，冬季則移到能接受陽光的窗邊。這裡所使用的是綻放小花的Obryzatum（後方），以及綻放中型花朵的Aloha Iwanaga（右側）。

長長的花莖上並列綻放楚楚動人的花朵，蘭花的美深深的擄獲人心。這款使用比較容易栽培的虎頭蘭及文心蘭，並添加火鶴作為點綴，種植在深具特色的壺形陶缽中，花朵觀賞期長，絢麗的花姿就像華麗的室內擺設，是一項非常適合室內栽培的合植盆花。

how to make

植栽要點

根部附著在樹木等其他植物的著生種蘭花，種植時以水苔最為理想。並且在盆缽下方加入碎保麗龍，使蘭的根球變得較小，更為健康。使用水苔時一定要盡量緊密扎實，以防根部受傷導致枯萎。供給水分時最好以每週一次的頻率，將整個盆缽放入裝水的容器中，以腰水法的方式讓植株從下方吸水。這盆盆花的性質較耐乾燥，管理上宜保持些許乾燥。

綠手指不可不知

蘭花——象徵南方天堂

目前世界上的蘭花約有2萬到2萬5千種的品種，而一直到19世紀後半左右，蘭花在歐洲仍相當珍貴。特別是生長於熱帶地區的蘭花，受到世人狂熱的喜愛，甚至許多冒險家不惜展開探求蘭花原種的旅程。一直到了1797年，終於在英國的Kew Gardens首次於歐洲成功栽培了熱帶性蘭花。

check point

- 冬季應放置室內管理。白天放在日照良好的窗邊，為了減少日夜溫差，夜晚應移到溫度較難下降的房間中央。
- 水苔必須保持一定的溼度，每天須對葉片噴灑幾次水分，或是使用加溼器。
- 每2週對葉片噴灑一次稀釋的液態肥料，或以澆水的方式供給植株基部肥料。
- 花期結束後，應將花莖剪除，並在原來的盆缽中換入新水苔後重新種植。

1 重心在右前方，因此將盆缽以稍微朝右傾放在花臺上，以防蟲網遮住盆缽底孔。接著放入用手撕碎的保麗龍，約10公分左右即可。

2 將保麗龍輕輕鋪平，接著在上方放進2～3公分浸溼的水苔，用手指小心鋪平壓實。

3 將文心蘭(Obryzatum)從容器中取出，用手分成2株。其中一株直立種植在盆缽後方。如果根系糾結，應先用剪刀修剪。

4 將分出的另一株文心蘭配植在右前方。種植時盡量呈水平方向，使得花朵前端與盆缽傾斜的方向一致，營造出分量感。

5 為了使得整體達到均衡，將大叢的虎頭蘭種植在圖3中的文心蘭左前方。種植時稍微向前方傾斜。

6 將火鶴配植在正面，種植時向前方傾斜，使得紅色苞片有躍出盆缽的感覺。

7 將文心蘭(Aloha Iwanaga)種植在圖4的文心蘭後方。重點的色彩聚集在中央，可凝聚整體焦點。

8 最後將一小把浸溼的水苔塞入空隙。記得用手指輕輕壓實，確認植株不會搖晃。

盆花配置

26cm

1 / 2 / 4 / 3 / 1

1.文心蘭(Obryzatum)
2.虎頭蘭
3.火鶴
4.文心蘭(Aloha Iwanaga)

翠綠的椰子下鮮麗醒目的花姿，充滿生氣勃勃的律動感。

椰影下的婆娑舞姿

聖誕紅・仙客來・荷威椰子・龍血樹・黃金葛・文竹・薜荔

荷威椰子

產自澳洲東岸小島的椰子科常綠灌木，特徵為自直立莖頂向四面散開的羽狀複葉，須放置明亮場所栽培，5～9月生長期盆土乾燥時充分澆水，入秋後則要控制給水。

聖誕紅

產自墨西哥高地的大戟科落葉灌木，花朵外圍的苞片濃淡變化與色彩搭配十分豐富。春至秋季須放置戶外日照充足的場所，9月下旬移入室內。澆水時避免碰觸葉片。

仙客來

以冬季室內花著名的報春花科球根花卉，須放置明亮窗邊保持乾燥。花謝後移至戶外半日陰處，慢慢控制給水量保持乾燥，讓球根休眠。

藤籃

以產自菲律賓的藤木所編成的藤籃，藤籃質地輕巧，最適合用於室內園藝。

分布於亞、非兩洲的龍舌蘭科常綠小喬木，須放置明亮的窗邊保持乾燥。此處所使用的是「細葉龍血樹」(右)與中型鑲斑品種的「星點木」。

文竹

產自熱帶地區的百合科多年生草本植物。喜好明亮的遮蔭或半日陰環境，生性耐寒、耐乾燥，常年須控制給水量。此處所使用的為「矮性文竹」。

黃金葛

分布於東南亞到太平洋群島的天南星科多年生草本植物，葉卵心形，葉面革質富光澤帶乳黃斑，主要觀賞幼葉。夏季必須大量給水，冬季則保持乾燥。

薜荔

分布於日本至印度的桑科常綠蔓性灌木，特徵為倒卵形葉，莖節有氣根，可攀附樹木與岩石生長。須放置日照充足的場所栽培，夏季遮光，土表乾燥時充分澆水。

這盆觀葉植物製作的插花型合植盆栽，可以淨化室內空氣。鮮綠富光澤與鑲斑品種的多樣葉片組合，也豐富了盆栽中草花的姿采。萬綠叢中一抹聖誕紅，成了主景焦點，而散發幽香的仙客來更是錦上添花，合植在自然素雅的藤籃中，更顯華麗浪漫。

how to make

準備工作

植栽要點

使用泥炭苔5、椰殼泥炭4、燻炭1的比例所混合的土壤。藤籃底部鋪上塑膠布，可防止土壤流失或漏水，為了預防罹患根腐病須添加少量的硅酸土。此培養土微酸、富含有機質，土中充滿空氣，土質鬆軟而輕盈，裝在藤籃中也不會增加負擔。土表覆蓋泥炭苔可增添美麗。

綠手指不可不知

觀葉植物的合植訣竅在於營造質感

可栽培於室內又不用花太多功夫管理的觀葉植物，是合植盆栽中相當實用的材料。可將喜好相同環境，但大小、形狀、顏色、斑紋各異的種類加以組合。合植時著重質感，將革質葉與軟葉植物搭配在一起，同時組合高度不一的植物使其葉片相互重疊，便可以營造立體感。

check point

- 基本上必須放在室內明亮的場所栽培，但4～9月左右的溫暖季節須移到戶外，以錐子在藤籃底部的塑膠布打洞以利排水。
- 放置戶外者給水量必須到水自底部流出為止，室內栽培者則須觸摸泥炭苔的間隙到土表，邊確定溼度邊澆水。
- 溫暖季節時每兩週施液肥一次即可。
- 也可以其他花卉取代觀賞時間較短的聖誕紅。

1 將兩層塑膠布攤開鋪在藤籃上，避免土壤與水分流失。再放入約兩把的硅酸土。

2 鋪上一層薄培養土蓋住硅酸土，然後植入植株瘦高、根球最大的荷威椰子於中央偏後側位置作為主景。

3 在荷威椰子的右、左兩方分別植入細葉龍血樹與星點木，遮住荷威椰子下方無葉的根基部。

4 將色彩焦點的聖誕紅種植在藤籃左前方。荷威椰子前後方補土，再分別植入一株文竹，可增加葉片柔軟的質感。

5 將黃金葛種植在聖誕紅右方，並將薜荔植入細葉龍血樹前方。

6 將仙客來植入黃金葛與薜荔之間，讓花朵隱約可見，也使得色彩更加鮮明亮眼。

7 種植完畢後將間隙補滿土，並沿著藤籃邊緣將多餘的塑膠布剪掉，塞入藤籃內隱藏。

8 最後在塑膠袋切口與土壤露出的部分，覆蓋浸溼的泥炭苔增加美觀。覆蓋時避免強壓，輕輕鋪上即可。

盆花配置

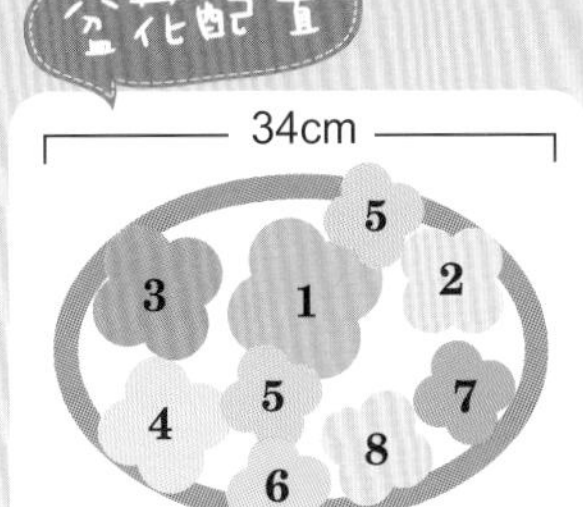

1.荷威椰子　5.文竹
2.細葉龍血樹　6.黃金葛
3.星點木　7.薜荔
4.聖誕紅　8.仙客來

楚楚動人的鐵線蓮加上鮮豔奪目的洋繡球，組合成高貴典雅的舞姿。

花香鬢影的華麗圓舞曲

鐵線蓮・洋繡球・水竹草・腎蕨

鐵線蓮

分布幾乎廣達全世界的毛茛科蔓性多年生草本植物。19世紀以後出現了原產中國的*clematis florida*以及原產日本的*Clematis patens*兩個品種。這裡使用的是中輪花的「Hagley」以及吊鐘狀的小輪「Diana」2個品種。應留意勿使根基部乾燥。

洋繡球

屬於八仙花科的灌木。性質強健，不怕病蟲害侵襲，但不耐乾燥，因此如有缺水情況，可能造成隔年無法開花。盛夏時應放置在日光無法直射的場所。

花器

法國製的陶土盆缽。赭色的色調以及樸素的外形適合任何空間，亦兼具優良的排水及通氣性。

腎蕨

篠蕨科的蕨類植物，是一種著生在地上、岩石或樹上，亮黃綠色的鮮豔葉色的中型到大型蕨類，會從根莖長出多數枝條。夏季應在遮蔭處栽培，並使用兼具優良排水及通氣性的營養土壤。

水竹草

鴨跖草科的多年生草本植物，伸長的莖頂綻放白色小花，特徵為沿著葉脈的白色條紋。這裡為了配合花色，選用帶有粉紅斑點的種類。性質強健，但是在梅雨季節期間仍需修剪莖部，並加強土壤排水。

蔓性植物中最能散發出華麗氣息的鐵線蓮中輪花與吊鐘形的小輪花，攀附在支柱之上，襯托出彼此的美感。再加上下方的洋繡球大輪花，更顯豪華氣派。盆缽前方懸垂的水竹草和洋繡球背面隱約可見的腎蕨，為這盆合植盆花增添豐富表情。為了更強調自然風味，支柱也使用竹子等天然材料。

how to make

準備工作

植栽要點

這盆花同時使用了喜愛排水良好的植物，以及不耐旱的植物，因此應使用具有適度排水性及保水性，以及養分豐富的土壤。在此使用草花專用培養土4：小顆粒赤玉土4：腐葉土1.5：蛭石0.5的比例充分混合的土壤，並加入緩效性肥料。盆底石除了質輕的珍珠石外，也可使用保麗龍碎屑，以減輕整體重量，方便搬動。

綠手指不可不知

洋繡球的花色會隨土壤變化

原先綻放藍色花朵的洋繡球，也可能在隔年開出粉紅色的花朵，這是與土壤酸鹼值有關的現象。藍色系洋繡球的花色，重要的條件就是必須要有酸性的土壤，在鹼性土壤栽培之下，花色是不會呈藍色的。施加肥料時，藍色系洋繡球須以泥炭苔或硫酸銨等維持酸性土壤，而粉紅色系洋繡球則適合使用苦土石灰。

Step by step 動手做，好簡單

check point

- 這盆花應放在日照及通風條件良好的室外，並每天大量澆水。
- 鐵線蓮在開完花之後只要修剪掉約1/3，並在土壤表面大量施加油粕或雞糞，便可持續開花。
- 水竹草要在開花後修整過長的淩亂莖部。
- 鐵線蓮的支柱也可因應擺設的場所需要而增加高度。

1 使用防蟲網遮住盆底孔，以防止害蟲入侵以及土壤外漏，接著放入盆缽1/5的盆底石。之後加入培養土，分量須加到使鐵線蓮的植株基部在離盆緣3公分左右的位置。

2 將鐵線蓮(Diana)從支柱上取下之後，放入盆缽的左後側。由於鐵線蓮的莖部堅韌，折斷之後無法再生，因此從容器中取出時，應留意勿折斷植株基部的莖。

3 將鐵線蓮(Hagley)從容器中取出，並留意勿使根系淩亂，種在圖2的鐵線蓮右側。並連同原本的支柱一起放入，以此決定植株的位置。

4 將鐵線蓮(Hagley)支柱的圓形部分剪下並拆開。接著在盆缽的後半部立好4根支柱，圍繞兩株鐵線蓮，並以纖維繩固定支柱上方。

5 在支柱上交叉纏繞2種鐵線蓮的花朵，主軸則用纖維繩固定。可將花朵繞上支柱交疊的部分，調整出具有分量的美感。

6 將洋繡球從容器中取出，並留意勿使根系淩亂，種在鐵線蓮的左前方。若碰到支柱則可先將支柱拆開，等到最後調整整體形態時再重新立好。

7 添加土壤之後，將已摘除受傷下葉的腎蕨種在鐵線蓮(Hagley)的右側。種植的重點就在於從盆緣傾斜植入，使葉片略為伸出盆外。

8 在腎蕨和洋繡球之間加入水竹草。由於莖部容易折斷，作業時應格外小心。在植株之間添加土壤之後，最後大量澆水即可完成。

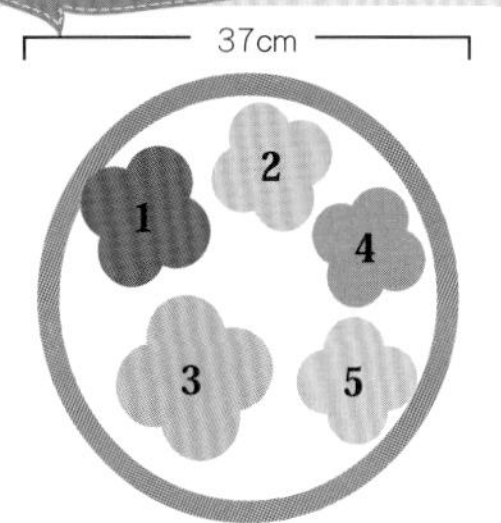

1.鐵線蓮(Diana)
2.鐵線蓮(Hagley)
3.洋繡球
4.腎蕨
5.水竹草

Comfortable & Shining

Part 2
舒爽明朗風

利用自然色彩層次設計的綠色系小巧合植盆栽，營造出一個寧靜安樂的綠色世界。

翠綠世界安頓身心

洋桔梗・粉萼鼠尾草・藍雪花・常春藤

洋桔梗

桔梗科多年生草本植物，8～9月為開花期。花色眾多，有淡紫、紅、白、桃、奶油等色，以深紫色為代表。喜好排水良好的土質，即使在日照強烈的夏季，也要等土表乾燥再給水。

常春藤

五加科觀葉植物，別名為Hedera。品種眾多，葉形與斑紋極富變化。容易種植與照料，與盆花也十分搭配，是合植時不可或缺的配角。

木盆

附有把手的木桶花盆適合做各式各樣的合植，也方便搬運，深褐色調更襯托綠色的鮮明度。

粉萼鼠尾草

別名為藍花鼠尾草的一年生草本植物，6月至11月為開花期。喜歡排水良好、日光充足的環境，不喜乾燥，所以夏季必須每日給水，但溼度極高時，容易產生根腐病，所以要注意溼度控制。

藍雪花

藍雪花科常綠半蔓性灌木，4月至11月為開花期，可以種在戶外排水良好日光充足的環境。夏季時要每天充分給水，春、秋、冬季則待土表乾燥時再給水。

此一合植盆栽以具有撫慰心靈的綠色系花卉與觀葉植物為設計重點，木盆中央是顏色最綠的洋桔梗，接著是粉萼鼠尾草、藍雪花，由內向外層次分明。常春藤則穿插在盆栽邊緣，展現出律動感。像這樣組合顏色層次漸近的綠色系植物，營造出多面的視覺之美，還讓人感受到寧靜安詳的意境。

how to make

準備工作

植栽要點

這裡使用的土壤要混合具有保溼性的泥炭苔與珍珠石(等量)，保持排水良好，同時保水性佳。此外，要留下2公分左右的小水溝，使得給水時水分能積存在盆栽的上半部。盆底石能促進良好排水，約需要1.8公升，約盆栽的1/5深。防蟲網以能覆蓋排水孔的大小即可。基肥則選用能使花形美麗，富含磷的魔肥。

綠手指不可不知

木盆的優點與缺點

木盆的優點是排水良好又透氣，不過，相對的也容易發生腐爛與蟲害，最好在表面塗上市面販售的防腐劑，做好防水、防腐。放在看臺上時，要確保底部通風。此外，長時間使用底座容易脫落，移動時需要特別注意。

check point

- 要將盆栽放在日光充足的地方，以利幼苗生長。
- 盆栽裡有夏季花卉，夏季要充分給水，但必須保持良好的排水，避免得到根腐病。
- 9月上旬可以加些盆花專用的緩效性肥料，趁葉片乾燥時施肥，但須避免沾到葉與莖部。
- 若是常春藤徒長，就要加以修剪。

1 將大小適中的防蟲網鋪在底部的排水孔上，防止土壤流失與害蟲入侵。選盆底有排水孔的木盆以利排水。

2 鋪上盆底石2～3公分高以利排水，更適合植物的生長，木桶也較輕、容易搬動。

3 將混合好的培養土倒入盆中七分滿，撒上一把作為基肥的肥料，仔細攪拌均勻。基肥以效期長的緩效性肥料為佳。

4 定植前先將準備合植的植物放在盆內安排位置。主角洋桔梗植入盆中央，因為植株較高，要確實埋入土裡。

5 洋桔梗前種2棵，後方種1棵粉蕚鼠尾草，高度要以能襯托洋桔梗為準。

6 洋桔梗的左側種2棵藍雪花，右前方種1棵藍雪花，此時可以用另一隻手擋著，避免在種植過程中傷到幼苗，也要避免擋住其他幼苗。

7 木盆前方的粉蕚鼠尾草右側植入常春藤，同時注意整體感，以常春藤將縫隙補滿。

8 單手按著幼苗，避免傷到花、葉，從根部澆水，直到排水孔浮出水為止。然後放在通風良好、日光充足的地方即可。

盆花配置

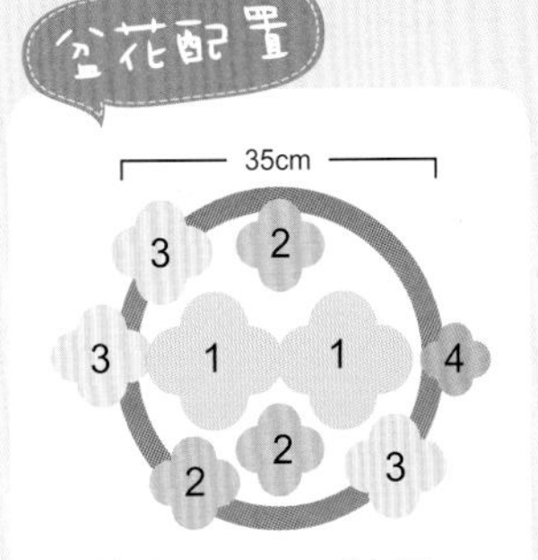

1.洋桔梗　3.藍雪花
2.粉蕚鼠尾草　4.常春藤

巧妙運用鮮豔亮麗、形狀獨樹一格的美麗葉片，成就一場華麗萬分的演出。

浪漫薰香花草共舞

紐西蘭瓊麻・藍雪花・彩葉草・馬纓丹・薄荷葉・天竺葵・紫扇花・紅鳳藤

藍雪花

原產地為印度或熱帶非洲，是屬於藍雪科的宿根草。不耐悶熱，最好種植在面向陽光、排水良好，且稍微有點乾燥的土中。

馬纓丹

原產地在南美，是馬鞭草科的常綠灌木。臺灣算是夏季的花卉，不過因屬熱帶植物，條件符合的話，整年都可以開花。最好放置在陽光充足的地方，保持稍微乾燥的狀態。

薄荷葉

原產於南非，為唇形科宿根草的園藝品種。葉子有淡淡清香，因而得名。性喜排水佳的土壤，一天照射陽光約3~4小時即可。

花盆

使用大小兩個鐵製的高腳盤形狀的花盆。生鏽的鐵質更顯出重量感，突顯出植物的特色，且由於含有鐵質，具有讓植物活性化的功用。

紐西蘭瓊麻

原產地在紐西蘭，為龍舌蘭科的宿根草。建議種在陽光充足與排水良好的土壤中。而這一次選用的是葉片顏色帶點紅色的品種。

彩葉草

產地為東南亞的唇形科宿根草。為避免葉子被曬枯，夏季時最好一天只照射3~4小時陽光。冬季時可移置室內過多。這裡使用兩種不同的葉子的組合法。

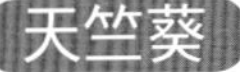

天竺葵

南非原產的牻牛兒苗科的一年草，也有宿根草。性喜排水佳的土壤，盛夏之外適合向陽栽種。這次所使用的是圓形葉與楓葉形兩種類型。

紫扇花

會開出小小的扇形花，為澳洲原產的草海桐科宿根草。莖部會橫向生長，適合栽種在面陽且排水佳的地方，夏天要注意水分補給。

紅鳳藤

原產地為亞洲與非洲，為菊科的宿根草，深紫色莖部與葉子上覆蓋著幼毛。要避免強烈的日照，種植在排水良好的地方為佳，並要在室內過冬。

線條犀利的紐西蘭瓊麻、顏色亮麗的彩葉草，再加上擁有各式葉子的天竺葵。將這些別具特色的花草合植，將能夠展現葉片多采多姿的魅力。輔以樸素雅致的花朵，散發出一股柔和的氣息。由兩個鐵製花盆組合，更增添瀟脫姿態。

how to make

準備工作

植栽要點

合植最忌諱悶熱，除性喜乾燥的植物外，或多或少會有需要有適當溼度的植物，所以兼具排水性與保水性的培養土是最適合的。以赤玉土、桐生砂、日向土、腐葉土這類排水良好的土壤為基底，再加上能夠適度保溼的珍珠石，比例相當。一天澆一次水，水量以將近溢出盆底為止，澆水時要將葉片與莖部分開，根部也要仔細地澆水。

綠手指不可不知

天竺葵的獨特魅力在於變化萬千的葉片

天竺葵有著多采多姿的葉片，使用類型不同的葉子，就可以讓插花作品的表情更加豐富。天竺葵依照品種的不同，形狀也會有所差異。即使是相同的圓形葉子，也有著各式各樣的顏色組合。

check point

- 梅雨時期避免悶熱的環境與陽光過強的時段，要移到屋簷下或遮蔭的地方。
- 天竺葵在梅雨前要先將樹株切斷為二分之一，到夏天就會長出新芽。
- 約每週澆1次水的時候，施予液態肥料，另外每個月1次在上頭擺上一些固體肥料。

1 先在較大花盆鋪上防蟲網，放入約5公分高的盆底石。加上5公分高的培養土，於表面灑滿園藝用的肥料，略微翻弄混合。

2 將高度最高的紐西蘭瓊麻放在正中心，由於之後要植入護根土較小的植物，所以先將周圍的土壤補足，調整一下分量。

3 將2株藍雪花以夾住紐西蘭瓊麻的方式，種植在左後方與右邊的斜前方。在頂端將葉子展開，為形象尖銳的紐西蘭瓊麻，增添柔和的感覺。

4 將帶有點紅色的葉子擺在顯眼處，將彩葉草種在下面，在紐西蘭瓊麻的右後方種葉色明亮的植株，而左前方則種植帶有紫色的植株。

5 將馬纓丹種在正面，將薄荷葉配置在後面，形成對比，並將長長的莖部展開，於空隙間加上土壤，這樣大花盆的部分就算完成。

6 在小花盆裡鋪上防蟲網，並放入5公分盆底石與8公分培養土，再於表面灑上園藝肥料稍做混合。將2株楓葉類型的天竺葵種植在花盆中間與左後方。

7 有著明亮葉子的圓形葉天竺葵是小花盆的主題，擺在中央的天竺葵右側，前後共種2株。配合盆器的大小來調整土壤量，讓整體感覺協調。

8 為了對比色調，左前方種植紫扇花，並將2株紅鳳藤配置在藍雪花的前後。在各株間添加土壤後，兩盆盆栽均澆上充足的水分。

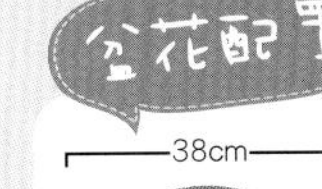

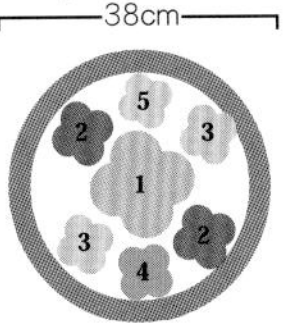

1.紐西蘭瓊麻
2.藍雪花
3.彩葉草
4.馬纓丹
5.薄荷葉
6.天竺葵
7.紫扇花
8.紅鳳藤

小花與綠意鋪滿古樸自然的花器，創造出野趣盎然的景觀合植。

古樸自然的松柏野趣

無花果・素馨・矮牽牛・黃帝菊・松柏

黃金柏
屬園藝品種的柏科植物，放射狀生長，枝條不高大，非常適宜合植，管理要點排水良好並向陽。

無花果
東南亞原產的桑科落葉灌木，特徵為花軸中含有許多花朵，建議於排水良好向陽處，利用半日陰栽培，在此使用東洋種和西洋種2種品系。

花器
利用螺絲起子將輕石挖洞，就完成了一個別具風格花器，因為質軟所以加工簡單， 因為素材的特性排水性強，所以不需底孔。

黃帝菊

墨西哥原產的菊科一年草生植物，春播則6～11月長期開花，喜愛多肥，所以要充分施用基肥，置於排水性良好，向陽明亮的半日陰處，在此宜選用矮性品種。

矮牽牛

中美洲至南美洲原產的美人襟科一年草生植物，花期甚長，可從春天綻放至秋天。品種豐富多樣，在此使用紅紫花品種。在向陽排水良好的土壤栽培，切勿讓土壤過度潮溼。

刺柏

松柏常被使用作庭院地被植物，是中國、臺灣等原產地柏科臺灣刺柏變種，枝條如蔓性般往旁伸展，多分枝。針狀葉，冬季葉帶茶色為其特徵。建議種在向陽排水良好處。

素馨

從熱帶分布至溫帶，約有200種同類，木犀科常綠灌木，有垂掛性和落葉性種類等，變化多樣，建議於排水性佳，日照良好處栽培，在此使用素馨此種類。

將質地輕軟的大輕石鑿洞挖開，栽填大量植物，低矮小花或伸展枝條的松柏類植物和小灌木配合，創造出輕石與植物融為一體的景色。使用西洋風情的植物與和式庭園搭配出靜謐的神韻，讓人有置身處於庭院的寧靜之中。

how to make

準備工作

植栽要點

此合植栽種後要迅速以有機質分解的腐葉土，和具有長效的椰子殼草炭加入用土中，有機質便能持續發揮作用，園藝肥料也必須使用具長期效果的顆粒緩效肥。另外，為求質感一致，所以使用排水性強的輕石7，再配合腐葉土、椰子殼草炭、蛇木屑各1之比例的用土，蛇木屑在蘭花栽培上也經常使用，具有調節保水的功能。

綠手指不可不知

輕石花器機能性良好

輕石製的花器通氣性高，也有隔熱功能，能提供植物冬暖夏涼的環境。不但排水性好，輕石自身又具有保水性，水分不易枯竭，讓植物的栽培管理簡易方便，是推薦給園藝入門者的最佳素材。

Step by step 動手做，好簡單

check point

- 輕石具有調節溼氣的功能，多給水也無妨。為使開花期延長，必須仔細摘花蒂和修剪徒長的枝條。
- 每一季施置肥，每週澆水時順便施用液肥。液肥經過輕石吸收，表面會長出青苔。
- 花卉為一年生草本，花謝後可以另行栽植別種苗株。若任其自然生長，灑落的種子在明年也會發芽生長。

1 在輕石挖洞的植穴底部鋪上約2公分的缽底石，加上10公分左右的培養土，然後於土表面施用園藝肥料，攪拌混入土中。

2 左前方並植2株無花果，左側為西洋種，右側為東洋種，調整往旁側伸展的枝條，朝左右外側延伸的方向。

3 無花果的根缽，覆蓋上培養土補滿，素馨栽植於2棵無花果之間，枝條往右側流曳。

4 覆加土壤後，於右後方種植矮牽牛，矮牽牛鮮豔的花色成為合植重點，小心別把兩旁伸展的莖折斷。

5 刺柏加添於左側中央與無花果、素馨枝條交錯，往前流曳，枝條要盡量附著於岩石紋路，往低處蔓爬。

6 黃金柏配置在刺柏的右斜前方，並仔細地交錯枝條，使葉子覆蓋在無花果和素馨的植株之上。

7 由後往中央處栽植5株黃帝菊連接植株空隙，將植栽的曲線與輕石的圓形輪廓合為一體。

8 最後在植株間仔細以土石補滿空隙，完成時供給水分，輕石吸水性強，要讓水分溼潤到全部盆花的程度為止。

盆花配置

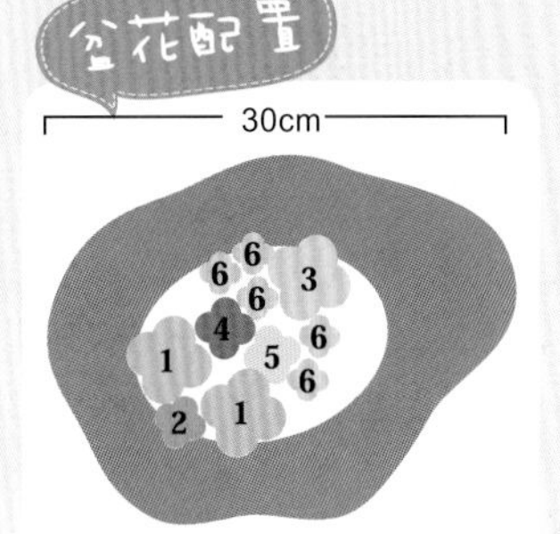

1.無花果　4.刺柏
2.素馨　5.黃金柏
3.矮牽牛　6.黃帝菊

以地中海花卉和觀賞植物搭配，完成一盆清爽如微風拂面的盆栽。

銀綠色的地中海風情

羽葉薰衣草・迷迭香・藍雛菊・蓬蒿菊

蠟菊

原產地為南非，屬於菊科的常綠性灌木。帶有光澤的銀色葉子，經常作為盆栽強調特色時使用。耐寒，適合作為草皮使用。

蓬蒿菊(2種)

原產地為南非群島的菊科多年草本植物，為大家熟悉的深色切花品種。性喜日光，宜種在排水良好的土壤。梅雨季節時要避免過度潮溼。

藍雛菊

原產地為南非的菊科常綠性灌木，性喜日光充足，排水良好的乾燥土壤。屬於半耐寒性植物，冬天不妨移置室內明亮處栽種。

甜車葉香

原產地為歐洲，葉序排列方式酷似車輪輪幅，因此取了這個名字。5～6月長出藍色小花，最適合作為庭院鋪草使用。

器皿

選用讓人聯想到地中海陽光與建築物的明亮色系陶器，復古造型充滿異國風情。

羽葉薰衣草

原產地為地中海沿岸等地，不喜高溫多溼的環境，喜愛日照充足，排水良好的場所。除了種植於花壇和盆栽外，亦常被使用於切花和乾燥花上。

迷迭香

原產地為地中海沿岸的唇形科香草。有直立型與匍匐型兩種品種，在此選擇直立型品種。栽種時宜放置在日光充足，排水良好的乾燥處。避免施肥過量與潮溼。

金魚草

原產地為南非的玄參科植物。有一年生草本與宿根草兩種。在此兩種搭配使用。半耐寒性，討厭潮溼和肥料過盛的環境。

銀瓜葉菊

菊科莖基部木質多年生草本，耐寒亦耐暑。淡銀色的細長莖部，隨風搖曳時有涼爽的感覺。

荷葉草

原產地為加拿列群島的豆科常綠亞灌木。4～5月時會開出紅色的小花。喜歡排水良好日照充足的場所，不耐寒。冬季時應移室內，梅雨時放至走廊，夏季則放在遮蔭處種植。

以地中海沿岸的植物為主題，製作一盆充滿地中海風情的合植盆栽。以代表海洋的藍色花朵為主景，搭配隨風搖曳、清涼有型的銀葉植物，並選用色彩明亮的素陶盆，成功營造出幽涼清雅的地中海風光。

how to make

準備工作

植栽要點

以地中海原產植物創作而成的盆栽，應選擇乾燥腐葉土、珍珠土、日向土、赤玉土、人工砂礫、椰殼粉等，分別以2：2：2：2：1：1混合的土壤。亦可加入具有調節酸度功效的燻炭，可延長肥料的時效性。也可使用坊間販售的香草專用培育土。記得在下方鋪上一層輕石以增加排水性。

綠手指不可不知

因應夏天的潮溼 別讓合植淋雨

喜歡溫暖地中海氣候的植物，不可忽略了夏季的溼氣處理。梅雨季時，要移到淋不到雨水的地方。澆水記得不要從花頂端直接澆灌，應待土壤稍微乾燥後再行澆水。並隨手摘除老舊的葉子和莖幹，以保持良好的通風環境。施肥時亦需避免施肥過量。

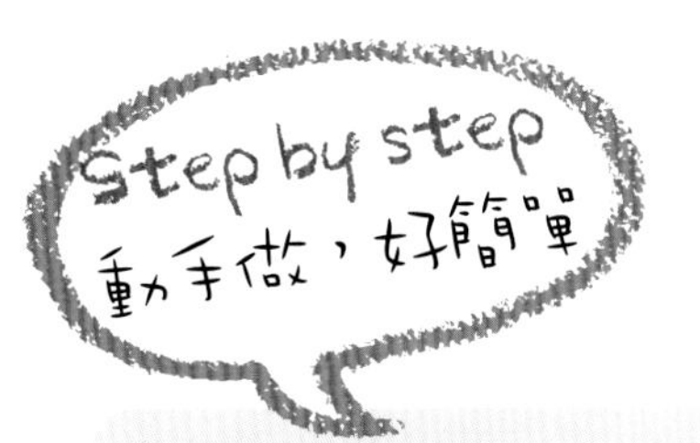

check point

- 土壤若未填滿，會出現部分乾燥的狀況。所有植物移植完後，再以填入器仔細針對空隙進行填土。
- 為了讓水分確實流入土壤，土壤表面應保持一定的高度，要隨時調整。

1 先在盆底鋪上防蟲網，避免土壤外流與害蟲入侵。隨後放入盆高深度10～15%的園藝用輕石。

2 為了保持良好的排水狀況，調節酸鹼質，宜使用添加高度石灰成分的培育土，放入盆深約1/3處。

3 土壤上灑上緩效性顆粒肥料。讓土壤表面輕蓋一層白色即可。隨後將土壤攪拌均勻，藉此可促進根部成長。

4 將苗株最大的羽葉薰衣草自盆栽取出後，以盆緣處垂落4～5公分左右的程度，植入土內。最後再植入右側植株。

5 接著於左邊植入蠟菊，前方植入一株蓬蒿菊，視狀況加入土壤保持平坦度。

6 另一株蓬蒿菊植入右側，調整植入位置，讓位置稍微偏向內側或外側，帶出躍動感。

7 靠近中央處植入迷迭香後，宛如葉子擴散於整個陶器般，將荷葉草植入迷迭香的右前方。株高較長時，應避免莖幹纏繞，影響美觀。

8 左前方植入甜車葉香，正面植入藍雛菊，後方空隙處則植入金魚草。接著將荷葉草以傾斜的方式植入右前方，後方植入野芝麻，完成後填土並澆水。

盆花配置

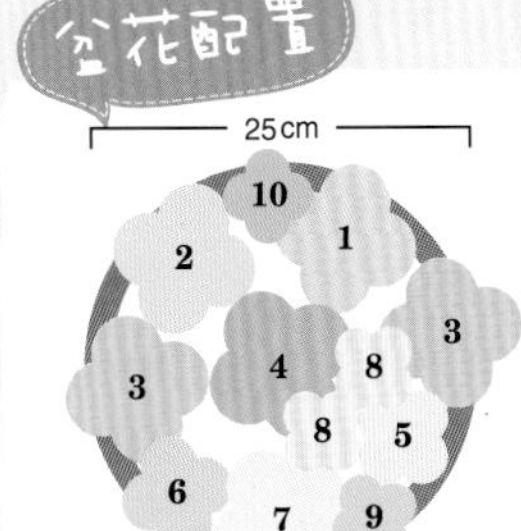

1.羽葉薰衣草	6.甜車葉香
2.蠟菊	7.藍雛菊
3.蓬蒿菊	8.金魚草
4.迷迭香	9.荷葉草
5.銀瓜葉菊	10.野芝麻

淺盆上合植高低有別的植物，營造出歐式四季袖珍的自然景觀。

充滿禪風的自然情趣

美國榿葉樹・屋久島胡枝子・吉祥草・朝霧草・麥門冬・紫萼・綠景天

美國榿葉樹

原生在美國東部沼地的落葉灌木。7~9月時會開出穗狀的白色花朵，葉子凋零後樹枝仍然美麗。

吉祥草

野生於山地或森林中的百合科植物。9~10月時，長約10公分左右的穗狀花朵會從葉子間探出頭來。

紫萼

紫萼是東亞特產的百合科植物，特徵是葉片背面有突出的葉脈。而紫萼是小型的品種，會開出紫色的花朵。

綠景天

野生的景天科多年生草本植物。特徵為6~7月時會長出像星星一般的黃色花苞。相當耐寒，短莖的葉子重合為放射狀，以所謂的簇生狀態下過冬。

花盆

圓圓外型與赤土陶器的樸實顏色，最適合作為演出自然景觀的盆器。

屋久島胡枝子

胡枝子分布在東亞一帶，園藝品種豐富，自古就受到喜愛。屋久島胡枝子是容易栽植的小型品種，很適合拿來盆栽使用。會接連不斷開出與豆科植物共通的蝶型花朵。

浮木

要演出自然氣氛，浮木是不可或缺的材料。可在園藝中心或是熱帶魚店買到，也可以使用天然石來取代浮木。

麥門冬

以暗綠色的葉子為特徵的百合科常綠植物，與印度、東亞、日本原產的龍鬚草為同屬植物。常常種植在樹蔭下，或是當作運動場的草皮。

朝霧草

與艾草同屬的菊科植物。整株都覆蓋著有如銀色絹布的美麗細毛，相當強韌，夏天會開出黃色花朵。

屋久島胡枝子、美國楷葉樹的花與葉都具有觀賞價值，不但開花時期各自不同，藉由與常綠植物於冬天的枯萎外觀配合，可以創造出3～4年間都可觀賞的季節變化表情。吉祥草、綠景天、朝霧草、麥門冬的葉子顏色與葉片形狀都各自不同，組合出與眾不同的協奏曲，讓人深深體會合植的魅力。

how to make

植栽要點

歐式集錦盆栽使用的是沒有盆底洞的淺盆，所以盆栽土必須要排水佳，保水功能也要良好。這次準備的是以小顆粒赤玉土5、小顆粒富士砂5所混合的盆栽土。花盆為赤土陶器。水分會直接漸漸滲出並蒸發，氣化熱的現象讓盆中的溫度不會過高，因此夏天時，根部就不會太過悶熱。此外，也可以試試將缺了一角或是產生裂痕的盤子、鍋子等調理器具拿來使用看看，創造出另一番情趣。

綠手指不可不知

火山溶岩的餽贈——火山熔岩砂土

火山熔岩砂土是園藝用土的一種。將火山熔岩打碎製成，是一種上頭有無數小洞的天然石，與火山噴火時所產生的輕石相當類似。保水、排水都相當良好。顏色雖然是黑色，但卻是種除去光澤的柔和色彩，所以也被使用在白沙以及砂畫上。可以詢問園藝花店相關的資訊。

check point

- 這次所使用的都是喜好陽光充足、通風良好的植物。中午前，最好放在能照到陽光的地方，午後則擺放在陽光不會直射之處約3小時。
- 雨天較多的時期，將花盆的其中一邊斜斜抬高，讓多餘的水分流出。
- 歐式盆栽容易屯積過多的肥料，所以施肥要拿捏準確。春天與秋天可施予置肥或是比平常稀釋3倍的液態肥料。

1 由於花盆相當淺，所以要將可防止根部腐敗的珪酸白土布滿整個花盆，不能讓底部露出。也可以使用敲得極細的炭來取代。

2 放入培養土時試著讓土面平坦。由於會將帶有根部的土壤一起栽植，大致只要遮住珪酸白土即可。

3 預先將準備好的植物排好，考量高度、樹枝的方向、葉子顏色、葉片形狀，使其互相突顯。基本上，高度較高的植物可配合高度低的植物。

4 首先栽種高度最高的美國榿葉樹。並將護根土去除到根部稍稍露出的程度。若不想種得太高，可以將底部的土壤撥掉，注意不要弄傷根部。

5 再放入屋久島胡枝子，不要與美國榿葉樹的樹枝互相碰撞。接下來再植入吉祥草、紫萼。此時要補足培養土到與其他植物的根部同樣高度。

6 放入浮木並調整角度。接下來植入麥門冬、朝霧草、綠景天，若有受傷的葉子，要先摘除掉。

7 各株之間要以竹棒將培養土壓牢固，並以前方空間為中心灑上白沙。培養土與白沙顏色的鮮明對比讓植物更加顯眼。

8 檢視整體協調性，將過高的樹枝與過寬的葉子剪除，調整平衡。之後澆水，直到培養土的表面充分溼潤為止。

盆花配置

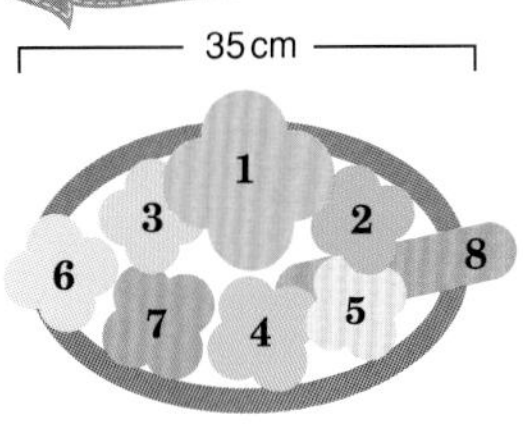

1.美國榿葉樹
2.屋久島胡枝子
3.吉祥草
4.朝霧草
5.麥門冬
6.紫萼
7.綠景天
8.浮木

纖細、小巧的花卉合植在淡藍色木箱中，創造大自然般美麗的風景。

清新舒爽的自然風情

非洲鳳仙花・馬纓丹・桔梗・斑葉佛甲草・銀邊翠・大葉假荊芥・腹水草・珍珠菜

馬纓丹

花期長，3月中旬～10月開花。花色眾多，又名為七變化。馬纓丹好光又耐旱，但是土壤若極度乾燥再加水會傷到植株，須多加注意。

銀邊翠

廣泛分布世界各地，上半部葉面的葉緣為白色，看起來如同下雪，所以又名初雪草。喜好排水良好、日光充足的環境。注意莖、葉所流出的汁會引起皮膚炎。

桔梗

桔梗科多年生草本植物，6～9月開花。原生於日光充足的草原或山地斜坡。桔梗不耐熱，夏季要避免日光直射。土表乾燥時再充分給水。

珍珠菜

櫻草屬，耐寒性多年生草本植物，5月下旬～8月上旬開花，喜好排水良好、日光充足的場所。夏季要避免過度潮溼，放置陰涼場所管理，具有從旁橫生的特性。

木箱

藍色木箱與任何花色都相當搭配，特別是外形纖細的花草。木箱底部要留排水孔，並使用排水良好的土壤以免腐爛。

大葉假荊芥

6～9月盛開白色小花，屬於唇形科多年生草本植物。莖、葉會散發出薄荷般的氣味，喜好排水良好、日光充足的場所，酷夏時期要每天充分給水。

腹水草

玄參科一年生草本植物，種類繁多，性質各異，但大體上說來適應力強，容易種植。耐熱、耐寒。喜好日光充足、排水良好的環境，但須注意別讓土壤過度乾燥。

非洲鳳仙花

花期長，5～10月開花，可在遮蔭半日照的環境中生長。夏季要避免強烈日照，放在通風良好的地方，但注意花瓣碰水會腐爛。

斑葉佛甲草

景天科觀葉植物，又名為斑葉景天，雖為好光、耐旱的植物，但在陰涼處也可以成長良好。

這個盆栽藉由非洲鳳仙花的白，馬纓丹的黃，桔梗的淡紫色，斑葉佛甲草與銀邊翠的明亮黃綠色與淡色調的相互調和，加上高大的大葉假荊芥與在低處延伸兩旁的珍珠菜，使得木箱的整體高低看起來更為平衡。此外，腹水草、馬纓丹像是要從木箱跳出的穿插安排，乍看彷彿是將大自然中盛開的花朵全移到木箱般，充滿生氣的動感。

how to make

植栽要點

此盆栽需要使用排水良好，保水性佳又透氣的土壤，可以用培養土8、泥炭苔1、珍珠石1的比例所混合的土壤，或是直接用市面販售的培養土。土壤用量為1.6公升，盆底石為0.3公升，也可以小石礫替代。須留下2公分左右的小土溝，以利給水時水分能積存在盆栽的上半部。木箱裡多半是花期極長的花卉，所以使用效期長的緩效性肥料作為基肥。

綠手指不可不知

留意花卉的向陽特性 讓作品更趨完美

植物有好光的特性，所以要常常讓植物向著日光的方向。即使是在極為昏暗的環境，植物也會對微微的光線有所反應，會向著日光的方向成長。因此不管是合植或是花束，若能時時加以留意，就可以讓作品更趨完美。

Step by step 動手做，好簡單

check point

- 整個盆栽的照顧可以桔梗與珍珠菜為基準，梅雨期要注意避免讓盆栽過於潮溼，夏季也要避免強烈的日光直射，同時要充分給水，避免土表乾燥。
- 秋天時要放在陰涼的場所，盆土乾燥時再給水，時常保持不要過乾或過溼。
- 馬纓丹、非洲鳳仙花與珍珠菜的花期較長，平均每個月要追肥一次。

1 將防蟲網鋪在排水孔上，預防土壤流失與害蟲侵入。為求排水良好，須選購底部有排水孔的木箱。

2 鋪上盆底石以利排水，不但適合植物的生長，木箱也較輕容易搬動。

3 將事先混合基肥的市售培養土倒入木箱7分滿。由於種植的皆是花期長的植物，所以使用效期長的緩效性肥料作為基肥。

4 將腹水草整株種在木箱後方。以株高最高的植物為基準，整體架構即不難調整。

5 接著將大葉假荊芥種在腹水草旁，若發覺占去太多空間，就挖洞調整高度。

6 大植物旁依序種馬纓丹、非洲鳳仙花與桔梗。考慮開花時整體的配色，讓花朝向前方。

7 盆栽的縫隙間定植珍珠草與勾勒出動感的斑葉佛甲草、銀邊翠。同時用竹子或木棒將土撥勻，挖一條小土溝。

8 單手按住種苗，將空隙處填滿土壤，並對著根部充分澆水，避免花、葉碰水，直到水至排水孔冒出為止。然後放在日光充足，通風良好的場所。

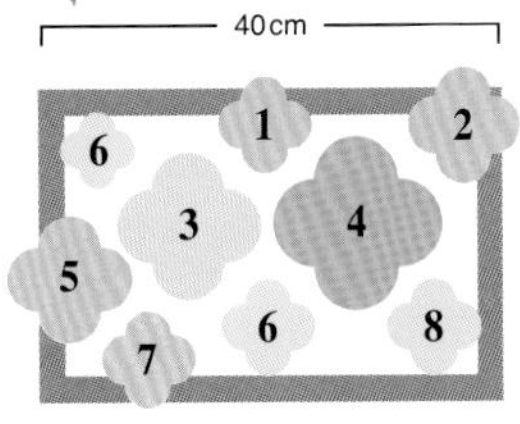

1.大葉假荊芥	5.桔梗
2.腹水草	6.銀邊翠
3.馬纓丹	7.珍珠菜
4.非洲鳳仙花	8.斑葉佛甲草

清新的綠意以及可愛小花，散發出甜香陣陣的清爽感！

自然甜香的迷你叢林

香桃木・迷你玫瑰・薰衣草・小白菊・奧勒岡・百里香

香桃木

原產於地中海沿岸的常綠灌木，花朵帶有甜美香氣，而質地堅韌且帶有光澤的葉片，折斷後會散發類似桉樹的揮發性濃郁芳香。應種植在日照及排水條件優良的場所。

小白菊

原產於西亞及巴爾幹半島的菊科多年生植物。香氣相當強烈，且具有鎮痛、解熱功效的香草植物。黃色的花朵類似德國洋甘菊，經過乾燥的葉片可用來當作除蟲劑。應在排水良好的場所栽培。

奧勒岡

唇形科多年生植物，是香草植物中著名的香料束製作材料。這裡所使用的則是綻放粉紅色花朵的觀賞用品種「*Kent Beauty*」。喜愛日照及排水條件良好的場所。

花器

英國製的陶土盆缽。盆面上的裝飾有花籃的感覺，與花束風格製作的合植盆栽相得益彰。這種花器的優點就是盆缽底孔較大，容易排水，也很耐霜。

薰衣草

原產於地中海沿岸到西南亞地區的唇形科宿根植物。是一種自古以來即被廣泛使用的代表性香草植物。這裡所使用的是香氣強烈的英國薰衣草。由於不耐夏季悶熱，梅雨季節之前應整理枝條，並移到陰涼的場所。

百里香

原產於地中海沿岸的唇形科常綠小灌木。具有清新香氣的香草植物，使用廣泛。這裡使用的是綻放紫色可愛花朵的銀斑百里香。由於不耐高溫多溼，應在梅雨季節前修剪。

迷你玫瑰

花徑為2~5公分，且株高在50公分以下的小型玫瑰，種類相當豐富。這裡所選用的是四季皆可開花的品種。應使用兼具排水性及保水力的土壤栽培。

以葉色明亮、綻放白色花朵的香桃木，以及楚楚動人的迷你玫瑰，搭配野花及香草植物，展現花束般風格。此外，香氣宜人的香桃木與玫瑰，加上薰衣草及奧勒岡等香草植物，在嗅覺上更加深一層豐富變化。而小白菊及奧勒岡綻放的小花，也為盆栽增添新風貌，這是一盆視覺和嗅覺皆豐富的合植盆栽。

how to make

準備工作

植栽要點

香草類植物以及香桃木喜愛優良排水性土壤，迷你玫瑰則講究土壤保水力，因此這裡使用以小顆粒赤玉土5：草花用培養土3：腐葉土1.5：蛭石0.5的比例所混合的土壤。小顆粒赤玉土不僅排水性佳，同時也具有優良的保水力。此外，由於香草植物多半喜歡鹼性土壤，因此可選用含有較多石灰成分的緩效性肥料。

綠手指不可不知

香桃木為愛的象徵
歐洲的新娘捧花中之要角

自古以來香桃木不僅帶有芳香的葉片被廣泛使用，也出現在希臘神話之中。由於香桃木象徵愛情，因此成為歐洲的新娘捧花中不可缺少的植物。此外，據說聖經裡亞當被逐出伊甸園時，允許他帶出伊甸園3種植物，其中1樣就是香桃木，另外2種則是小麥和棗椰。

check point

- 這盆合植盆栽應放置在日照及通風俱佳的場所。天氣好的時候每天早晨大量澆水，等到盛夏季節再移到陰涼的場所。
- 這裡所使用的迷你玫瑰為四季開花的品種，只要在開花過後修剪全株的1/3～2/3，並且在植株基部施放置肥，就可以開出新的花朵。
- 薰衣草在梅雨季節之前應移到其他盆缽管理，留意切勿傷害到根部。

1 用防蟲網覆蓋盆缽底孔。這個盆缽並不太深，用盆底石鋪設將近盆缽1/10的高度。

2 將混入緩效性肥料後充分攪拌的土壤放進盆缽。完全覆蓋住盆底石後，將植株最大型的香桃木植入，並讓植株基部在盆緣3公分處，調節土壤用量。

3 將香桃木植入盆缽中央。讓分枝的部分剛好與盆緣高度相等，取得整體的協調感。

4 補足土壤並調整好高度之後，將薰衣草植入香桃木右側。注意將薰衣草從塑膠容器中取出時，不可讓根系凌亂，否則植株會變得虛弱 。

5 迷你玫瑰時同樣注意勿使根系散亂，種植在香桃木的前方。調整到看起來從盆緣垂出的角度。

6 在盆缽左側添加土壤並調節植株基部高度之後，將小白菊種在左後方。特別注意別讓根部損傷。

7 在小白菊前方種植奧勒岡，如果根系糾纏時應先整理一下。讓奧勒岡彷彿是從主角迷你玫瑰後方探出頭來的感覺。

8 在迷你玫瑰和薰衣草之間加入百里香，並在植株間隙添加土壤。把迷你玫瑰的枝條纏進香桃木植株間各個枝條，接著大量澆水。

盆花配置

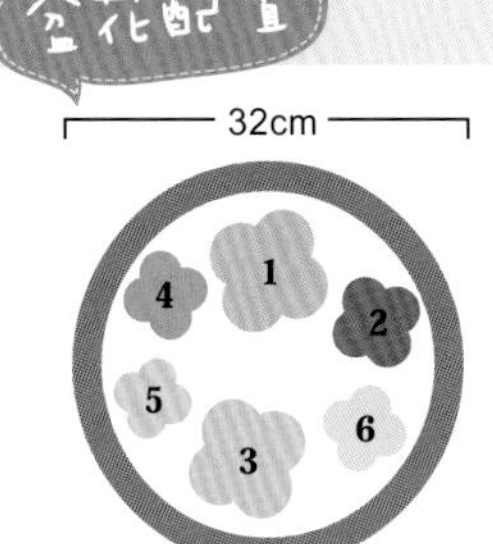

1.香桃木　4.小白菊
2.薰衣草　5.奧勒岡
3.迷你玫瑰　6.百里香

隨性生長的植物最具自然美，以此製作一盆輕快的盆栽吧！

陶罐裡輕舞的綠色精靈

風車草・耳墜草・綠之鈴・黐邊草・匙葉燈籠草・長壽花・毛擬風車草・福兔耳・虎紋草

匙葉燈籠草

景天科白背子草屬多年生草本植物。纖細莖部著生茶褐色葉片，為分枝性極強的植物。強健、環境適應力強，忌霜害。

風車草

景天科風車草屬多年生草本植物，莖部直立或彎曲生長，周圍會萌發新芽，可用扦插法進行繁殖。

耳墜草

景天科景天屬多年生草本植物。平時為鮮綠色，冬季轉為紅色，好光，忌高溫，夏季必須避免日光直射。

綠之鈴

匍匐下垂生長的菊科瓜葉菊屬多年生草本植物，下垂的莖部頂端著地便會發根，為好光但厭惡高溼植物。

黐邊草

景天科蓮座草屬多年生草本植物。平時為綠色，冬季轉為紅色，葉片易掉落，必須小心處理。將摘下的葉片葉柄部位插土中便會發根。

長壽花

景天科白背子草屬多年生草本植物。花色有紅、橘、粉、黃相當豐富；花期甚長，冬季依然十分活躍的花卉之一。

福兔耳

原產馬達加斯加島，高度可達50公分左右的景天科白背子草屬多年生草本植物。葉覆白色軟毛，具有褐色斑點，狀似兔耳而有月兔耳之別名。

毛擬風車草

景天科蓮座草屬多年生草本植物。葉厚，覆短毛，冬季尖端會轉為褐色，耐熱且耐寒，健壯容易栽培。

虎紋草

番杏科虎紋草屬多年生草本植物。莖短葉呈菱形。春至秋季為生長期，日照不足葉片會散亂，甚至失去原有的深綠色，必須放在日照充足的場所。

陶盆

這次使用壺形陶盆。陶盆透氣、排水良好，適合作為合植容器。蔓性與下垂生長的植物可以自側面壺口伸展而出，風格獨特。

多肉植物的生長環境多半相同，適合一次合植數種不同的品種。只要依每種植物本身所具有的特殊外形，以及高低、下垂、多枝等特性加以配置，便可以製作出一盆充滿躍動感的合植盆栽。

how to make

植栽要點

此盆栽使用以小石礫5、赤玉土3、腐葉土2的比例所混合的土壤，同時混合泥炭苔、發酵牛糞。也可使用市面所販賣的仙人掌專用土。多肉植物會隨著生長而增加數量，但因其有縱向伸展的特性，所以種植時不用留空隙。此外，合植高度不高的植物時，若放在窗邊等高處，會看不到正中央的植物，所以必須放置在較低處。

綠手指不可不知

多肉植物能生存在沙漠中的理由

除了寒帶以外，多肉植物約有60科10000種以上分布於全世界。它們有著極厚的莖、葉與根部，具有能夠積存雨水的組織。即使是忘了澆水，也不會立刻枯死，種植的作業也較為簡單。相反地，若培養土常年溼潤，反而會導致根部窒息而腐爛，甚至會出現全株腐爛死亡的情形。所以要放置在避免雨水浸溼，盡可能日照充足、通風良好的場所。

Step by step 動手做，好簡單

check point

- 這盆合植必須避免淋雨，放在日照充足、通風良好的場所，視土表的乾燥程度適量澆水。可用竹籤插至盆底檢測，若竹籤上半部的2/3處皆乾燥再充分澆水。
- 春、秋季的生長期再施肥，落葉若插入土中便會發根。

1 在盆底放置適當大小的防蟲網。接著將珍珠石裝滿陶盆的1/5以利於排水。

2 將塊狀泥炭苔塞入陶盆的壺口。用手自外側壓住，讓泥炭苔能牢牢塞滿壺口，以免土壤溢出，接著慢慢填土。

3 將耳墜草自盆栽盒拿出。多肉植物根展差，同時容易掉葉，為了避免莖部搖晃，必須用手指支撐，然後用雙手捧起。

4 耳墜草旁植入綠之鈴。將其中一半枝蔓自陶盆側面的壺口拉出，另一半則分別以不同的長度自上方洞口垂下。

5 沿著上方洞口邊緣將繡邊草種在最前方，讓葉片蓋住邊緣。接著在綠之鈴的後方植入枝條彎曲，向外側伸展的風車草。

6 將毛擬風車草的枝條面向右側種植在陶盆的右前方。接著植入2株長壽花，但中間要留空隙以植入匙葉燈籠草。

7 將福兔耳植入陶盆中央，匙葉燈籠草種在2株長壽花之間。前方空間則植入開黃色花十分搶眼的虎紋草。

8 合植完畢後用木棒在植株之間整土，同時慢慢補土。補土完畢後放置在日照充足、通風良好的場所。

盆花配置

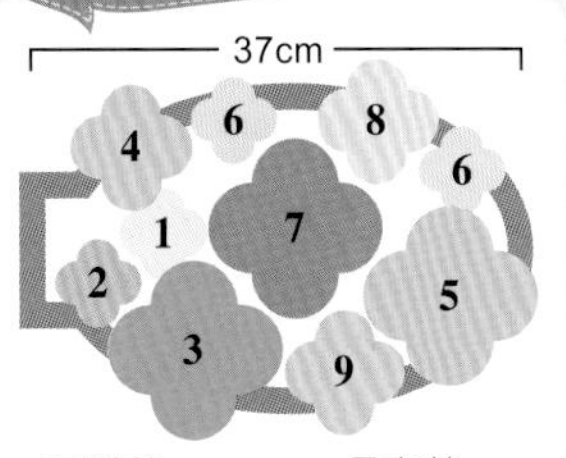

1.耳墜草
2.綠之鈴
3.繡邊草
4.風車草
5.毛擬風車草
6.長壽花
7.福兔耳
8.匙葉燈籠草
9.虎紋草

在日式淺盆裡展現的獨特光彩，充分顯現小型庭園的妙趣和韻味。

和洋共譜的矛盾美感

掌裂虎耳草・熊掌木・細莖竹・楓葉天竺葵・狹葉銀葉菊

掌裂虎耳草

源自中國、韓國的落葉性多年生草本植物，虎耳草科。白色的星形小花點綴在油亮的嫩綠色葉片之間，每到春天，粗大的根莖就會冒出芽，可用分株法加以繁殖。

楓葉天竺葵

牻牛兒苗科，為天竺葵的同類。春季到秋季會開紅色小花，紅色葉片一到秋天會轉深紅。可選用含磷、鉀豐富的液肥每月施放2～3次，或是用緩效性肥料每月施肥一次。

狹葉銀葉菊

原產於南美洲，葉色銀白，菊科銀葉菊屬的耐寒性多年生草本植物。和同為菊科的高山植物山艾葉形極相似，因此也被稱為銀葉艾。

花器

此處選用具有樸實韻味、透氣性良好的素陶。

熊掌木

耐寒耐陰，是五加科的長綠闊葉低木。具備八角金盤的強韌與常春藤的蔓性。除了葉片帶奶油色或黃綠色斑點的品種之外，也有不帶斑點者。可在春、秋兩季插枝繁殖。

細莖竹

短竹的同類，自根部分出多支柔細的莖，屬於禾本科的多年生草本植物，植株高約10公分，日照強烈的季節，易引發葉焦枯。

那智黑石

日本和歌山縣那智地方生產，為質地密致的黑色粘板岩所形成之大顆沙粒，以製造硯臺或圍棋棋子而聞名。充滿神祕感的黑色光澤，不僅在造園或建築上用以增添逸趣，運用於覆蓋栽培法(mulching)也能烘托日式風格。

這是一盆融合東西方風味，風格清新俐落的盆栽組合。葉形類似八角金盤掌裂虎耳草、熊掌木、神似楓葉的楓葉天竺葵、葉片成細線狀的狹葉銀葉菊，都是素陶的最佳拍檔。細莖竹和那智黑石則發揮畫龍點睛的效果。

how to make

準備工作

植栽要點

使用具有良好保水性、排水性、透氣性的土壤。由於裝飾用的石礫覆蓋於土表，平時必須用手仔細確認土表狀況，發現表面乾燥立刻充分給水。雖然在此選用了顆粒大的那智黑石作為裝飾素材，但其他像是小顆粒的白川砂、茶褐色的櫻川砂、鵝黃色的伊勢砂等，各式顏色與質感的裝飾砂礫，也可以變化出不同的趣味。

綠手指不可不知

寒竹是矢竹，阿龜矢竹是竹？

寒竹名為竹，其實是矢竹的一種；相反的，阿龜矢竹卻是竹的一種。竹和矢竹並不以外形和大小為區別，而是以筍在成長時皮能否乾淨俐落的剝除為分別，好剝的是竹，難剝的是矢竹。此外，矢竹與竹的觀賞部位也不相同；一般而言，我們欣賞的是竹的莖幹、矢竹的葉片。

Step by step 動手做，好簡單

check point

- 這盆合植的葉片怕悶熱，必須放在通風的向陽處，當日照轉強時，改為遮蔭半日照，並隨時剪除受傷的殘葉，把重疊的葉片撥開。
- 這是一盆以觀葉為主的組合盆栽，每月施放液肥2～3次即可。此外，熊掌木一乾燥就容易長葉蟎，必須特別注意。

1 在盆底排水孔鋪好防蟲網，上面鋪盆底石約3公分高度，接著鋪上約3公分厚的培養土。

2 將植株高度最高的熊掌木擺放在盆的最後。讓其莖、葉向盆的外側伸展，增進視覺美感。

3 在左方的位置緊貼著盆緣植入掌裂虎耳草。植株若是過大，可剝除部分宿土，將根部深埋入缽土，增加安定感。

4 楓葉天竺葵置於盆的中央。楓葉天竺葵的根部宿土比較鬆軟，操作時應兩手捧住宿土小心處理。

5 在盆的右側有一大片留白處，這是留給細莖竹的位置。細莖竹的莖柔細，放在靠盆緣處使其自然垂掛下來，便能顯得風情萬種。

6 盆缽右前方，植入狹葉銀葉菊。種植位置應貼著盆緣，和其他植株保持距離，要讓葉片遮住其他植株的根部，也要撥開因為過密而重疊的葉片。

7 在植株根部的宿土之間填滿新土，並輕壓使其固定，最後放入裝飾用的那智石。在盆緣留2～3公分給水的空間，不要將盆面填滿。

8 澆水時避免直接將水灑在花、葉上，應把澆水壺的口伸到植株根部徐徐注水，直到水從盆底的水孔流出。

盆花配置

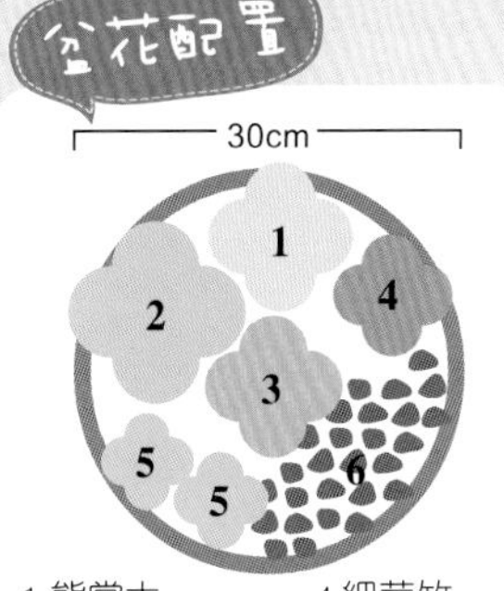

1.熊掌木　4.細莖竹
2.掌裂虎耳草　5.狹葉銀葉菊
3.楓葉天竺葵　6.那智黑石

在充滿懷舊氣息的雕紋器皿中，綻放的花朵隨風搖曳，宛如律動輕快的舞曲。

輕快律動的紫色踢踏舞

藍雛菊・奧蕾莉亞・鵝河菊・翠蝶花・衛矛・艾草

鵝河菊

澳洲原產的菊科一年生草本植物，也是屬於宿根草植物。花朵的樣子就像是小一號的波斯菊一般，建議擺放在日照與排水皆佳的地方管理。

翠蝶花

原產於南非，從熱帶到溫帶地區都可窺見其蹤跡的桔梗科植物。花朵酷似小小蝴蝶，因此又被稱為「琉璃蝶草」。相當耐乾燥，宜栽種於日照與通風皆佳的地方。

白艾

菊科的宿根草植物，原產地在北半球的溫帶地區與南非。要避免過溼環境，通風良好與向陽環境是白艾最佳的生長環境。

盆器

這次使用的是中國製素燒的紋窗盒，通氣性非常良好。盒上的浮雕醞釀出歐式氣息。這邊所選擇的是表面有長過青苔的紋窗盒，展現古董物品所獨具的特殊風情。

藍雛菊

又稱為「琉璃雛菊」，為南非原產的菊科宿根草植物。這邊所使用的是藍花、白花與帶有斑紋的3個種類。性喜向陽環境，花期結束後要將花莖切短。

奧蕾莉亞

菊科的宿根草植物，特徵是泛著銀光的白色葉子有細細的缺口。為半耐寒性，6～7月時會在莖部前端集中開出黃色小花。 建議栽種在排水良好且向陽的土壤中。

衛矛

生長於中國及日本的山野中，屬於爬藤性的常綠灌木。由於莖部會攀爬生長，因此常當作地被植物使用，建議種植在排水佳且向陽處。

細長的紋窗盒最適合裝飾在小小的窗邊，試著合植一些藍色花朵的植物，莖部輕柔的曲線以及藍色花朵微妙的濃淡差異，醞釀出歐式花壇的氣氛。花朵綻放在充滿懷舊氣息的雕紋器皿中，隨風搖曳，似乎空中隱約傳來的踢踏舞曲，奇妙的氣氛使得窗邊的景色讓人眼睛為之一亮。

how to make

植栽要點

這次的合植所使用的土壤屬於歐洲類型，是先以泥炭苔3：赤玉土3：蛭石2：珠光石2的比例混合後，再添加少量稻穀(炭化稻穀)燻炭製作而成，粒子之間含有許多空隙，重量輕且不易結塊。由於使用的盆缽比較淺，所以要選用小顆粒的盆底石。完成後必須每天補充水分直到水從盆底留出來為止，但水不要直接淋到花朵。

綠手指不可不知

最佳的配角——「白妙菊」

白艾以及奧蕾莉亞，與「白妙菊」同屬一類。雖然也會開花，但主要是利用泛著銀光的葉子，來突顯其他植物。不但可以賦予合植盆栽更加鮮明的印象，也使葉子顏色變化的幅度更加寬廣，使用在只有綠色植物的合植上，更能夠突顯出微妙的色澤差異，產生更豐富的表情。

check point

- 這盆合植比較不耐白天的熱氣與強烈的夕陽光線，適合放置在朝東的窗邊。另外也忌諱太潮溼的環境，梅雨時要記得做好修剪，花期結束後要適當地摘除花柄。
- 除了每週補充一次水分時施加稀釋過的液態肥料，每個月施加一次置肥。
- 多年生草本植物在晚秋時需要進行修剪，到了冬季時在上方覆蓋不織布，隔年就會長出新芽。

1 用防蟲網覆蓋盆底穴後，鋪上薄約3公分的盆底石，再放入3公分的培養土。表面撒上園藝肥料後，稍微將土壤整平。

2 將2株白花的藍雛菊排在盆缽的中央處，左側後方則植入葉子帶有斑紋的藍雛菊。種植前先將附著在根缽表面的根解開，並縮小根缽的範圍。

3 奧蕾莉亞則植種在中央藍雛菊的右後方，不但可以提高分量感，還可以與帶有斑紋的藍雛菊相呼應。

4 鬆開藍雛菊的根缽後，在兩側的後方各種植1株。莖部盡量使其滿布在整個盆器上。

5 在盆器前方中央種植鵝河菊，兩側種植翠蝶花，讓視線的重點落在垂降的莖與藍色的小花上，讓右側的翠蝶花與盆器右緣稍微保持一點空間。

6 在鵝河菊的右旁與左右的翠蝶花都種植上衛矛，讓莖的線條朝前方以及橫向水平流洩。

7 將2株白艾種在鵝河菊的左邊，並稍加調整，讓白色的葉子從各株之間隱約顯現。用手撥開周圍的植株，輕輕地將白艾根缽種入。

8 整理好交纏在一起的莖部，並補充土壤，最後施加充足的水分，如有土壤下沉，就要再添加土壤填平。

盆花配置

60cm

1.藍雛菊
2.奧蕾莉亞
3.鵝河菊
4.翠蝶花
5.衛矛
6.艾草

創意合植 輕鬆玩

Enthusiam & Jump

Part 3

熱情躍動風

搖曳生姿的藤蔓妝點在扇型花格架上，俏麗的花朵在不受限的空間盡情演出。

藤蔓交織的夢幻舞臺

鐵線蓮・高盃花・卷耳・鵝河菊・香葉草・金錢薄荷

鐵線蓮

鐵線蓮是以代表藤蔓的希臘語「Crema」為語源的毛茛科植物，這次所使用的品種屬爬藤性，花期間與花期前後施予的肥料乃是栽培重點所在。每兩週施予1次1000倍的液態肥料。

鵝河菊

耐寒性極佳的多年生草本植物，只要多注意高溫多溼的環境，就很容易栽種。從春天到秋天，會開出粉紅、紅紫、藍色、白色等的花朵。

扇型花格架

是讓爬藤類植物纏繞的園藝用品，大型的可當作籬笆、隔牆使用，小型的可以當作支柱。這次所選用的是適合盆器的扇型木製花格架。

花器

選用深度較深，能夠立起花格架並相互搭配，且兼具通氣性的方塊型義式赤土陶器。

香葉草

牻牛兒苗科香葉草屬。世界各地約有300種香葉草，這次使用的*Splish Splash*是每年春天到秋天開花1次的品種，忌高溫多溼，栽培時要注意排水是否良好。

高盃花

阿根廷原產的植物，為茄科高盃花屬的多年生草本植物，英文名稱White Cup。從春天到入秋，會開出白色或淡藍色的漏斗狀花朵。栽培並不困難，但排水不良將會造成根部腐敗。

卷耳

石竹科的多年生草本植物，在北半球溫帶全區約有60種。毛卷耳(*Cerastium tomentosum*)從春到夏會開出純白小花，是歐洲原產最受歡迎的種類。根部糾結、過度施肥或是溼熱環境，都會造成根部變黃。

金錢薄荷

唇形科的匍匐性長綠多年生草本植物，目前在市面上是圓圓的葉子上帶有斑紋的歐洲原產品種。相當耐寒，栽植也相當簡單。

以纏繞在扇型花格架上的鐵線蓮為中心，再加上高盃花、卷耳、鵝河菊、香葉草與金錢薄荷，在四角形赤土陶器的舞臺上展現各種嫵媚的姿態。合植盆栽將自由奔放的植物生長魅力發揮得淋漓盡致，讓我們一起來好好玩味吧！

how to make

準備工作

植栽要點

將赤玉土、腐葉土、蛭石以5：4：1的比例混合出的排水良好的土壤為最佳。肥料則使用富含可以促進開花的磷成分的有機質，或是緩效性化學肥料最合適。每年於春天時施肥1次即可，最忌施肥過度。而氮含量較多的肥料常常只會促使葉莖與藤蔓的生長，對花朵沒有幫助，要特別注意。

綠手指不可不知

鐵線蓮——天使或魔鬼

鐵線蓮的俗稱很多，有「愛情」、「少女的休息之地」、「旅人的期待」、「惡魔的髮型」、「少女的寢室」等等。其中綻放異彩的是法文中的「乞丐草」這個別名。這是因為鐵線蓮垂下來的葉子，好像在乞求路人的同情一般，其姿態讓人們有無限想像。

Step by step 動手做，好簡單

check point

- 這個花盆大多為忌高溫多溼的植物，酷夏時必須在半日陰的環境種植或是不要曬到夕陽，趁早晨氣溫尚未上升前先澆水。
- 冬天最好移到屋簷下照料，也要注意澆水量的控制。
- 要仔細地替鐵線蓮、高盃花、鵝河菊進行花瓣摘除與剪枝。

1 鋪上防蟲網後依序放入盆底石、培養土，再混入緩效性肥料。花格架插在花盆一角，並以土壤固定住。

2 將鐵線蓮種植在花盆的中間，以覆膜鐵絲固定住，將藤蔓纏繞在花格架上不要將複雜纏繞的藤蔓與葉子弄傷。

3 邊保持整體平衡，邊將鐵線蓮的藤蔓仔細地一根一根從下至上纏繞，要細心布置使得花葉也能在背面生長出來，並呈現自然的感覺。

4 拔除香葉草受傷變色的葉子，種在鐵線蓮前面右側。樹株的方向要盡量突顯獨特的葉子形狀。

5 將1株金錢薄荷分為3分，其中1分種植在香葉草前面，讓其有如從盆器右端垂降一般，另將高盃花圍住香葉草栽種。

6 於花盆左前方與高盃花的前面各種植1株鵝河菊。種植在可以輝映出白色與淡紫色花朵的位置。

7 在花盆前方的角落與其左邊種植2株卷耳。依據莖部的位置來調整花盆前部，讓銀白色的葉子賦予整體更大的變化性。

8 將剩下的2株金錢薄荷種植在花盆的左角與卷耳的右側，並讓其細細的莖垂降出來，最後給水至可以從盆底流出來為止。

盆花配置

1.鐵線蓮(花格架)
2.香葉草
3.金錢薄荷(第1株)
4.高盃花
5.鵝河菊
6.卷耳
7.金錢薄荷(其他2株)

這盆如同大自然花開遍野的合植盆栽，陣陣的清香使人身心舒暢。

百花爭豔的芳香天地

洋凌霄、馬蒿・巧克力波斯菊・中輪菊

巧克力波斯菊

開花期為8～11月的菊科植物，在多半是一年生草本植物的波斯菊中，是相當罕見的多年生草本植物。喜好排水良好、日光充足的場所。花瓣為深巧克力色的巧克力波斯菊如同其名，會散發出甜巧克力般的香味。

馬蒿

馬鞭草科多年生草本植物。因葉片類似菊科，又名「段菊」。耐寒、環境適應力佳，花期為7～9月。花朵芳香，灰綠色葉片上覆蓋短毛。必須種植在日光充足、排水良好處。

木箱

若非植物專用的盆栽，則必須用鑽孔器在底部打洞，以利排水。因為木製容器具有透氣與良好的滲透性，所以不需要打太多洞，在此打兩個洞就夠了。

洋凌霄

洋凌霄花期為7～9月，紫葳科常綠半蔓性灌木，以紅橙色花的品種最為常見。夏季要充分給水，秋天則要控制，冬季便要保持盆土乾燥，並放在溫暖的室內。

中輪菊

菊科多年生草本植物，9～11月開花。冬季夜間盆土會因凍結而傷根，所以必須在天氣晴朗的上午澆水。夏季時盆土表面乾燥再充分給水。

這盆合植是利用色彩與株高各異的花卉穿插其中所設計，充滿自然動感。這種種類較為複雜的合植盆栽，必須平均分配亮色系的花卉，以免不夠顯眼。而另一種花色截然不同的花卉則要少量，取得整體的平衡。合植時先植入高度最高的洋凌霄，接著依序種下馬蒿、巧克力波斯菊，最後將中輪菊安排在最前方。也就是較高的位置搭配充滿動感，色調柔和的花卉，較低的位置安排顏色分明，具安定感的花朵。上漆的木箱讓花卉看起來像在原野盛開，木質感與稍微混濁的米黃色漆充分展露自然樸實的感覺。

how to make

準備工作

植栽要點

此盆栽需要使用排水良好，保水性佳又透氣的土壤，若不用市售培養土，就以赤玉土6、腐葉土4的比例所混合的土壤。土壤總用量為4公升，促進排水良好的盆底石為2公升。盆底石的量以占木箱高度的1/5為佳。因為這次使用一般的木箱做花盆，所以需要用鑽孔器在底部打直徑約2公分的排水孔，上方覆蓋防蟲網，以防止土壤流失與害蟲侵入。並且再以緩效性肥料作為基肥，以一把的量加入盆土中充分混勻。

綠手指不可不知

獨一無二的木箱 充滿想像空間

將酒類與果汁的木箱重新上漆或貼上木紋紙，給予合植盆栽自然的印象。但過薄的木箱容易腐爛，所以要挑選材質厚實、架構牢固的箱子。木箱底部若沒有排水孔，就用鑽孔機鑽洞。木板連接處的縫隙若是過大，就要鋪上泥炭台或網子，避免土壤大量流失。

check point

- 馬蒿要在初夏摘芯，中輪菊的花期一結束就要將株高剪半，冬季則是修剪枯枝。
- 巧克力波斯菊忌溼氣，盆栽必須放在通風良好的場所，要預防酷暑的高溫期受葉蟎侵襲。
- 洋凌霄的花期結束後要修剪徒長枝，冬季則修剪枯枝。
- 每2～3個月要定期追肥一次，但馬蒿若已成長就要斟酌施肥。

1 將木箱翻過來，在距離木板連接處用鑽孔器打2個直徑約2公分的小洞，以促進排水良好。

2 在盆底鋪上防蟲網，接著將盆底石鋪滿盆底2～3公分高，以利於排水。

3 接著將洋凌霄植入中央後方。洋凌霄植株高大，可以稍微撥掉根部下方的土壤再植入，但千萬不要勉強剝離，以免傷到根部。

4 分別在洋凌霄的右前方與正左方各植入1棵馬蒿。馬蒿不需要撥土再植入，但要避免較長的莖部纏在一起。

5 將巧克力波斯菊種在洋凌霄與馬蒿之間。植株固定後要將花莖撥開，不要擠成一團。

6 將中輪菊種在木箱前方兩側。莖部較短的中輪菊種在較高花卉的株基部位，可使盆栽整體緊湊、密實。

7 在覆土前事先用手將已調配好的培養土與緩效性肥料(一把)充分拌勻。

8 在土表留下2～3公分寬的水溝積水，同時在幼苗間補滿土壤。接著充分澆水直到水自盆底溢出，最後放在通風良好，日照充足的場所。

盆花配置

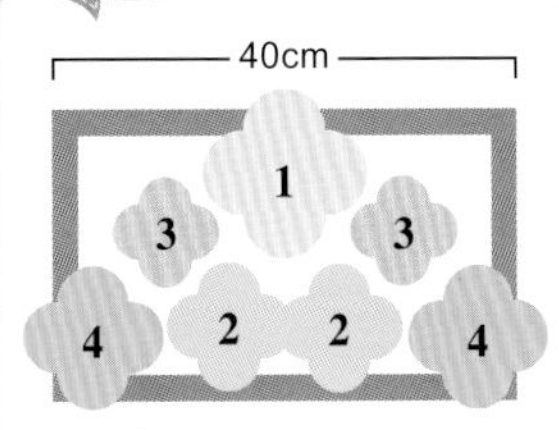

1. 洋凌霄
2. 馬蒿
3. 巧克力波斯菊
4. 中輪菊

色彩鮮明、外形獨特的熱帶植物，在大型素陶盆中展現獨特風格。

南國風情舞動活力

鵝掌藤・火星鳳梨・鸚歌鳳梨・白鶴芋・金黃百合竹・常春藤

鵝掌藤

以熱帶亞洲為中心，分布極廣的五加科觀葉植物。耐旱、耐陰、萌芽率高，需要強制剪定，相當容易栽培，但莖部脆弱，必須立枝柱防莖部歪斜。

火星鳳梨

鳳梨科觀葉植物，葉片柔軟、具光澤，呈放射狀伸展，線條優美。花莖自中心部位長出，頂部著生色彩鮮明的穗狀花朵。喜好高溫高溼的環境，放置明亮陰涼處管理，以分株法繁殖。

金黃百合竹(龍血樹)

龍舌蘭科，園藝品種眾多。在此介紹的「金黃百合竹」葉緣呈淡黃色條斑，枝條向四面八方伸展，十分豔麗。龍血樹耐旱，環境適應力強，只要摘下側芽扦插便可以輕易繁殖。

素陶盆

在設計觀葉植物的合植盆栽時，外形線條簡單的植物比設計味濃厚的植物來得討喜。這種素陶盆專門用來種植植物，深度夠，除了草本植物外，也可以種植木本植物。

白鶴芋

廣布熱帶地區的天南星科觀葉植物，花期極長，為4~9月，須放在室內明亮的陰涼處，夏季避免強烈日光照射。春、秋季盆土乾燥時再給水，夏季則每日給水，冬季要保持盆土乾燥。白色佛燄苞片泛綠時，就要盡早自株基切除花莖。

鸚歌鳳梨

鳳梨科植物，穗狀花苞分為紅、橘、黃等單色與紅、黃相間的雙色種，葉片也鑲嵌紅、白色斑紋。鸚歌鳳梨環境適應力強，容易栽培，但溫度必須保持在7～8度以上，夏季要放在遮蔭半日照處，避免強烈日光照射。

常春藤

品種繁多，常年可供觀賞的五加科常綠蔓藤植物，適應向陽環境，也相當耐陰、耐寒，常作為室內觀葉植物。

以線條優美的鵝掌藤「star shine」的綠葉為背景，紅、黃相間的火星鳳梨與鸚歌鳳梨加上白鶴芋的穿插，活潑的金黃百合竹與曲線美麗的常春藤的錦上添花，使得整個盆栽充滿了活力。為了突顯花葉的鮮麗色彩，特意不使用中間色調，讓熱帶植物的魅力充分發揮，讓室內頓時充滿了火熱的南國風情。

how to make

植栽要點

定植觀葉植物必須選擇排水良好的觀葉植物專用土，而不是一般草本植物用的土壤。陶盆底部放入大量盆底石與碎保麗龍可預防根腐病。若想盡可能減輕重量，可自行混合大量蛭石或泥炭苔。大型素陶盆可在底部加裝滑輪，方便移動。

綠手指不可不知

鳳梨科種類繁多 共有46屬1700種

鳳梨科的植物由於外形皆相似，也有人全部統稱為觀賞鳳梨，但實際上觀賞鳳梨分別被分類在不同屬。鳳梨科植物以熱帶美洲為中心，共有1700種，像是花朵豔麗的火星鳳梨屬、鸚歌鳳梨屬、尖萼鳳梨屬、觀葉型的彩葉鳳梨屬，以及被稱為「氣生鳳梨」的花鳳梨屬皆是其中之一。

Step by step 動手做，好簡單

check point

- 觀葉植物的合植盆栽在強烈的日照下會引起葉片燒焦，必須放置室內的明亮處，或置於戶外時，春季至秋季要安置在遮蔭半日照處。
- 與一般草本植物相比，讓盆土稍微乾燥，植株生長較佳。
- 火星鳳梨與鸚歌鳳梨澆水時，必須到根基附近的莖、葉間積水才行。
- 白鶴芋的佛燄苞片泛綠，火星鳳梨與鸚歌鳳梨的花苞轉為褐色時，必須摘除花梗。

1 陶盆底部鋪上防蟲網，接著鋪上5～8公分高的盆底石(或小石礫)。將混合觀葉植物專用土的培養土倒入盆中7分滿，再混合基肥。

2 在不傷根部的情況下，將鵝掌藤自盆中拔出，種在陶盆的最後方。要配合枝葉伸展的方向確認定植角度。

3 接著植入火星鳳梨(白)與白鶴芋。從正面望時要盡可能看到白鶴芋所有的佛燄苞片。

4 定植鸚歌鳳梨。由於鸚歌鳳梨是2顆合植為一盆，倘若不好定植，可以先分株再植入。只要將根基稍微撥開，就可以輕易分開。

5 接著植入火星鳳梨(紅)。火星鳳梨很醒目，定植時要注意花的方向。其根部相當柔軟，定植時不要過於用力。

6 將金黃百合竹種在陶盆最前方，藉由植入的方法，變更不同的觀賞角度，欣賞伸展十分活潑的枝葉。

7 將最長的常春藤種在盆緣。大型陶盆使用長一點的常春藤比較好看。定植時要盡量讓常春藤看起來華麗、顯眼。

8 澆水直到水自盆底流出為止。可將手伸入火星鳳梨與鸚歌鳳梨的莖部間，直到感覺有株基積水為止。

盆花配置

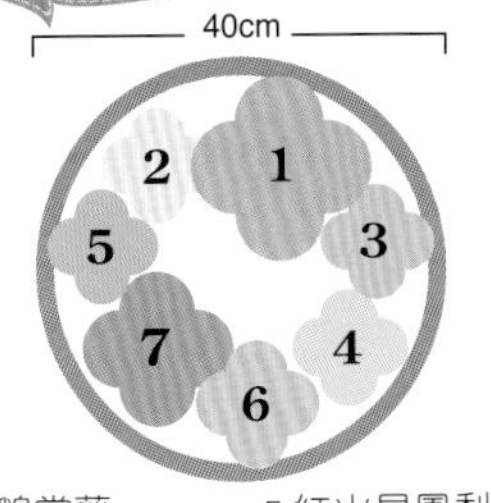

1.鵝掌藤
2.白火星鳳梨
3.白鶴芋
4.鸚歌鳳梨
5.紅火星鳳梨
6.金黃百合竹
7.常春藤

藉著花卉與蔬菜的組合，擴展方型盆栽的新魅力。

花與果的繽紛二重奏

小番茄・黃波斯菊・美女櫻・銀葉菊

小番茄

茄科一年草本植物，5月定植，6～8月收成。開花後40天便可收成。但果實完全成熟需要50天左右。生長速度快，需要大量養分，需使用富含有機質的土壤，放在日照充足的地方。

美女櫻

馬鞭草科多年生草本植物，分為實根性草本與宿根性草本。實根性怕高溫、潮溼與低溫(0度以下)的環境，所以夏季需遮蔭半日照，冬天需放在明亮的室內栽培。

方形陶盆

欣賞角度集中於一面，合植時不需要太高的技巧。保持整體平衡的要點是前方種較低的植物，後方種較高的植物。

波斯菊

菊科一年草本植物，5～9月開紅、黃、橘色花。非常好培育，但結果時花形不佳，必須在結果前摘心。適合種在日光充足、通風良好處。

銀葉菊

菊科多年生草本植物，葉、莖布滿銀白色絨毛，看來閃閃發光，十分獨特。葉子可常年觀賞，耐熱、抗寒、抗旱。

將花卉、蔬果、觀葉植物合植在長方形花盆中，便是豪華又實用的組合式盆栽。以小番茄為主角，加上黃波斯菊、美女櫻、銀葉菊陪襯，此一色彩鮮豔又具有立體感的合植盆栽，不但可以賞花，更能享受開花結果、收成的樂趣。

how to make

準備工作

植栽要點

土壤可以使用市售的盆花專用培養土約2公升左右。給水時，為了讓水能積在陶盆上半部，事先留下2公分左右的空間。盆底石的量約占陶盆深度的1/5，以促進排水良好，也可以小石礫或碎石取代。此外，以效果緩慢的緩效性肥料做基肥，準備6支不易折斷的支撐木條，長度可用剪刀調整。

綠手指不可不知

如何選擇與蔬菜合植的花卉？

蔬菜與花卉合植時，最重要的就是營造良好的生長環境。以小番茄為例，合植的植物葉片應較小，也不能太高，以免遮住日光與通風。因為蔬菜需要大量養分，為了避免營養不良，不要選擇生長迅速又需要大量養分的花卉植物。

Step by step 動手做，好簡單

check point

- 基肥以富含磷的魔肥為佳，定植後可以配合生長的狀況再追肥，含氮過多的肥料必須加以控制。
- 美女櫻不耐高溫，夏季時須移到遮蔭半日照處。
- 小番茄的果實在7月左右便成熟，因此5月左右定植即可。

1 先蓋上大小適當的防蟲網，接著再以適量的盆底石鋪滿盆底。

2 將混合好的培養土倒入盆中七分滿，再倒入緩效性肥料的基肥，平均布滿盆內仔細攪拌混合。

3 小番茄幼苗撥掉多餘的土，清除根部後整株種在花盆中央。小番茄上半部因結果而沉重，必須確實定植。

4 在小番茄兩側放入黃波斯菊。穿插的訣竅是左右為黃橘，前後為橘黃，如此一來，花盆看起來就十分豐富。

5 美女櫻種在小番茄前方，高度以看得到小番茄果實為準，盆栽邊緣的美女櫻則稍微超出盆外，但不可過於凌亂。

6 銀葉菊放在黃波斯菊與美女櫻之間。小心別傷到周圍的幼苗，可隱約從綠葉中看到銀白色葉片即可。

7 注意不要絆到花、葉，用手輕壓幼苗慢慢給水，最初給水時，要讓水流至底部的防水孔為止。

8 給水後趁土壤潮溼時，將三根木條圍著小番茄的植株插上，高度統一為距離幼苗頂端20公分左右，另一株也以相同的方式處理。

盆花配置

1.小番茄　3.美女櫻
2.黃波斯菊　4.銀葉菊

享受色彩鮮豔且種類豐富的花朵，在圓形的花器中共譜熱鬧的曲調。

玩賞鮮豔的色彩遊戲

球根秋海棠・大理花・銀葉菊

球根秋海棠

秋海棠科的多年生草本植物，5~11月開花，色彩豐富且具有分量。雖然在夏季開花，但由於不耐高溫，應避免直接曝曬。選擇通風良好且明亮的場所栽培。

大理花

7～10月開花的菊科植物，喜愛排水及日照條件良好的場所。莖部柔嫩易折，應避免種植在會受到強風吹襲的場所。

花器

傾斜角度較大的陶土盆特徵就在於排水性優良，用在需要大量澆水的合植盆栽上，可以防止根系腐爛。配合盆缽的形狀，種植大量的花苗，讓整體達到完美協調。

銀葉菊

菊科的多年生草本植物，花期雖然在6~9月，但覆有綿毛的銀白色莖葉一整年都可供觀賞。耐寒性強，加上性質強健，在冬季盆花及花壇中常見其身影。適合在排水及日照條件良好的環境下栽培。

以大量的鮮豔球根秋海棠為主角，四周圍繞黃色的重瓣花，在同屬暖色系的大理花搭配下，為了不讓色彩流於單調，使用銀白色的觀葉植物銀葉菊，讓整體達到協調。此合植使用圓形盆缽，以中間較高，漸漸向四周降低的方式配植，讓人聯想到花園小巨蛋。

how to make

準備工作

植栽要點

本次合植的植物都喜愛排水、保水、通氣性優良的土壤，可將珍珠石和蛭石以同等分量混合，也可以使用市售的培養土。這裡所需要的土壤大約1.5公升，盆底石則為0.3公升左右。基肥方面，應使用效果能長期持續的緩效性肥料，加入一把之後充分混合。

綠手指不可不知

球根的選擇取決於仔細觀察

選購球根時應自己實際拿著觀察，如果表面有傷痕或是黑色病紋，還是摸起來軟軟的，甚至感覺有些水腫狀況，這些都是不好的球根。此外，也要避免選到缺少根系或是根部產生病紋的球根。

Step by step 動手做，好簡單

check point

- 春季將花器放置在日照及通風條件良好的場所，盆土表面乾燥時大量澆水。梅雨季節結束後，將花器移到半日陰場所，避免直接曝曬。
- 大理花在秋季開花之際，要加強其生長勢時，再施放追肥，並將花器重新移到能接受日照的場所。

1 為了讓盆缽排水良好，應選用有底孔的花器，將剪成適當大小的防蟲網鋪在盆缽底孔。

2 放入盆底石，量大約以遮住盆底為原則，從底部鋪上2～3公分高即可。

3 將混入基肥的培養土盛入盆缽中約七分滿，應選用可長時間維持效果的緩效性肥料作為基肥。

4 考量其他花苗的種植空間，將球根秋海棠植入盆缽中央。如果花苗不易取出的話，可將塑膠盆輕敲地面。

5 在盆缽前方植入大理花。種植前先向下挖約5公分，將根系植入並調整高度，不要擋住秋海棠。大理花的莖很容易折斷，要特別留意。

6 植入時需同時考量整體色彩協調，由於盆花為圓形，因此合植時大理花以圍繞球根秋海棠的方式配置，讓每個角度都可欣賞到美麗的花卉。

7 在球根秋海棠和大理花之間加入銀葉菊。將作為點綴的綠葉植入土壤堅硬的位置，之後將土壤整平。

8 對根基部澆水，直到盆缽底孔有水滲出為止。用一隻手輕壓花苗，讓水分不致淋到花和葉片。之後放置在通風和日照條件良好的場所。

盆花配置

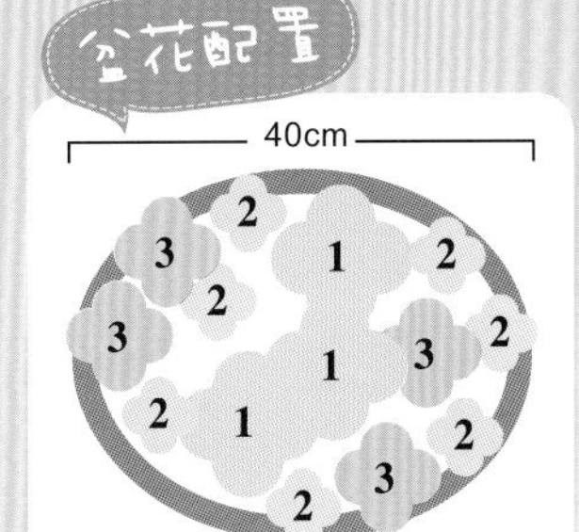

1. 球根秋海棠
2. 大理花
3. 銀葉菊

以紅色系為基調，在2個馬口鐵盆器中，展現濃厚且令人耳目一新的風味。

熱情奔放的火之舞

一串紅・雞冠花・彩葉草

一串紅

唇形科一年生草本植物，性質強健，花期長。眾人最熟知的是火紅花色，其實還有白色、粉紅、紫色等豐富花色。購買種苗時，選擇節間緊密且根部粗壯的花苗。

彩葉草

雖然分類上屬於唇形科的多年生草本植物，但由於過冬後會立即落葉，因此常被視為一年生草本植物。觀賞期為6~10月。喜愛陽光，但夏季最好還是放置在半日陰場所。

花器

馬口鐵材質的花器，雖然這種材質主要不是用在栽種植物，但只要底部有排水孔，還是能當作花器利用。或許多少有生鏽的情況，但不致影響植物生長。

雞冠花

別名「野雞冠」的莧科一年生草本植物，耐酷暑及強烈日照。7～10月開花，花型有雞冠形、羽毛形、矛形等，有各種不同的型態及變化，花色也很豐富。

將色彩最鮮豔的一串紅和雞冠花，以及帶有紅色和黃色的彩葉草，並排種植在2個外形美妙的馬口鐵容器。不論是和紅色相得益彰的灰白色光澤，或是霧面的獨特穩重質感，馬口鐵花器在搭配鮮紅色天鵝絨質感的花材時，可說再適合不過。兩盆盆栽可藉由改變配置來產生不同趣味。並列擺設或分開擺設成左右對稱，兩者的感覺截然不同。

how to make

準備工作

植栽要點

使用已經混合調配好的培養土即可，若想要自行調配，可用赤玉土6、腐葉土4的比例混合成1.5公升的土壤，並放置約0.6公升的盆底石促進排水。基肥方面選用效果能長時間持續的緩效性化學肥料，和土壤充分混合之後使用。使用底孔直徑超過1公分以上的容器時，需鋪上防蟲網。

綠手指不可不知

改造馬口鐵容器成為適合植栽的花器

馬口鐵花器原本不是為栽培植物而設計，因此排水及通氣性並不好。務必先在底部鑽孔並鋪設盆底石，盆器側面最好也要鑽透氣孔。此外，由於容易受溫度變化影響，造成根部受傷，應在溫度變化較小的環境下加以管理。

Step by step 動手做，好簡單

check point

- 日照強烈時應避免直接曝曬，應移到半日陰場所。
- 一串紅只要勤加摘除開過的殘花，便能促進側芽生長再開出新的花朵，最好每個月施放一次追肥。
- 雞冠花的大敵是將其新芽及花朵啃食精光的螟蛾幼蟲，要加以預防。

1 倒置盆器後以榔頭敲打鐵釘鑽孔，在盆底中間鑽5個孔。

2 鋪設的厚度2～3公分的盆底石，提高通氣性和排水性，讓氧氣順利輸送到根部，防止根部腐爛。

3 培養土用量以鋪設2～3公分為標準，如果苗根系較長，可以減少用量。加入一把緩效性化學肥料，充分攪拌混合。

4 取出一串紅花苗，並輕輕剝落附在根上的土壤，將深紅花色的花苗一枝枝分別植入中間的位置。

5 將雞冠花插入一串紅之間。輕輕鬆開附有土壤的根系，小心切勿傷到根部。可用竹籤等工具整平土壤，若土壤不足的話則須添加。

6 調整一串紅和雞冠花的位置。最好在花色上能從紅色中間向外漸漸變淡，一邊調整並空出種植彩葉草的位置。

7 在不傷到根部的情況下鬆開彩葉草的根系，將深綠色葉片的部分放在花材聚集中心的位置，讓整個色系達到協調。

8 添加種苗之間不足的土壤並加以整平。整平後用手輕壓花苗澆水，並放置在日照良好的場所。

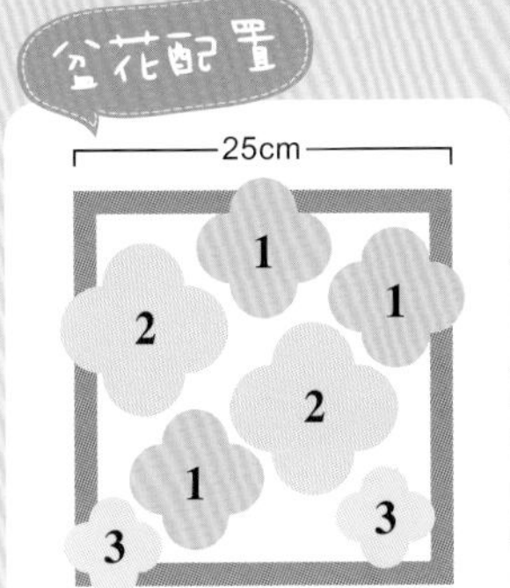

1.一串紅
2.雞冠花
3.彩葉草

在大型酒樽中植入以黃色為基調的花朵，洋溢出鄉村風情。

燦爛的酒樽舞臺

黃波斯菊・鼠尾草・番椒・小百日草・羽毛雞冠花・綠莧草・常春藤

黃波斯菊

墨西哥原產的菊科一年生草本植物，主要的花色有黃色與橘色。特徵在於分枝較多，適合栽植在排水良好的土壤中。

番椒

中南美洲原產的茄科一年生草本植物，有著三角形的果實，非常可愛。株高30公分左右的低園藝品種較適合使用在合植上。建議在陽光充足與排水良好的地方照料。

小百日草

菊科植物，主要分布在墨西哥及南北美洲。開花之後長時間之內都不會凋零，最好栽植在日照佳排水好的地方。這次所使用的是黃色與橘色的品種。

常春藤

五加科的爬藤性植物。葉色與葉形都很豐富，耐寒性不錯，只要是保水性高的土壤，即使在陰暗處也可以種植。

盆器

這次所使用的是色調沉穩的葡萄酒樽，通氣性相當優良，更可以突顯草花明亮的顏色與綠色，最適合栽種較大型的植物。

唇形科植物。性喜通風與日照皆佳的地方。這邊所使用的是墨西哥鼠尾草，其萊姆綠的花苞綻放後會變成紫色的花朵。

羽毛雞冠花

莧科的一年草，為雞冠花的矮性品種。特徵在於具有光澤的小花密集生長，形成有如雞冠一般的形狀。建議栽種在排水良好的地方。

綠莧草

分布在墨西哥到阿根廷一帶的莧科植物，適合種在花壇邊，做成邊緣花朵。相當耐熱，但氣溫一旦降到攝氏10度以下生長就會停止。

酒樽的魅力乃源自於美麗的木頭紋理，以及木器所散發出的溫暖感覺，特別是鮮豔的花草配合上濃厚色調的酒樽，更可以互相輝映。植入大量可愛的黃色花朵，放在栽植盆或是陽臺處，便能營造出有如原野一角般的風情！

how to make

準備工作

① 鼠尾草1株
② 葡萄酒樽(直徑50公分)1只
③ 黃波斯菊1株
④ 綠莧草2株
⑤ 羽毛雞冠花3株
⑥ 常春藤2株
⑦ 番椒2株
⑧ 小百日草3株
⑨ 培養土適量
⑩ 盆底石適量
⑪ 防蟲網
⑫ 園藝肥料適量

植栽要點

使用大型的盆器時，重點就在於要考慮到往後移動之便，盡可能減輕盆栽土的重量。最適合的盆栽土就是以草花用培養土4、小顆粒赤玉土4、腐葉土1.5、蛭石1.5的比例所混合的土壤。盆底石可以使用最輕的白色輕石，或是將使用在捆包上的泡沫聚苯乙烯弄碎，用來作為盆底石。

綠手指不可不知

氣味強烈的辣椒改變世界食的生活

2000年以前在南美熱帶就已經在栽培的辣椒，15世紀末由哥倫布帶回西班牙，之後短期間內被引進到世界各地。不但讓美食生活變得更多采多姿，還改良出許許多多的品種，包括園藝品種。

Step by step
動手做，好簡單

check point

- 黃波斯菊的花瓣凋落後，只要從花莖的根基部切除掉，就會接連開出美麗的花朵。
- 多年生的鼠尾草與常春藤以外的植物，在季節結束後就要從根部拔除，之後再配合時令種入新的合植植物，或是種下球根也可以，此時要放入基肥再種植。

1 在盆底鋪上防蟲網，盆底石放多一些，即可減輕整體重量，建議可以放到酒樽1/5高度。

2 放入盆栽土至1/3的高度，然後種入高度最高的黃波斯菊。另外在株基部與酒樽邊緣取出高度1/10的空間，作為澆水的空間。

3 將株高較高的鼠尾草種在黃波斯菊的右邊。種植前要將已受傷的下方葉子拔除，並小心翼翼解開糾結的根部。

4 在植入株高較低的植物前，為了使株基部與高度較高的植物一樣高，需要添加盆栽土。將2株番椒種在黃波斯菊的左側。

5 可將一株黃色的小百日草種在番椒的左側，另一株黃色的與橘色的小百日草則配置在鼠尾草的前面。

6 將3株羽毛雞冠花分別種植在中央小百日草的兩側。種植2株的那一邊，要補充後側那1株的盆栽土，並調整高度。

7 在酒樽左右各配置一株黃色斑紋的綠莧草。綠莧草即使成長也不會變得很高大，所以種植在酒樽邊緣也沒有問題。

8 酒樽的正前方種入2株常春藤。調整垂枝的方向顯露於正面。於各株間補足盆栽土，再給予充足的水分。

盆花配置

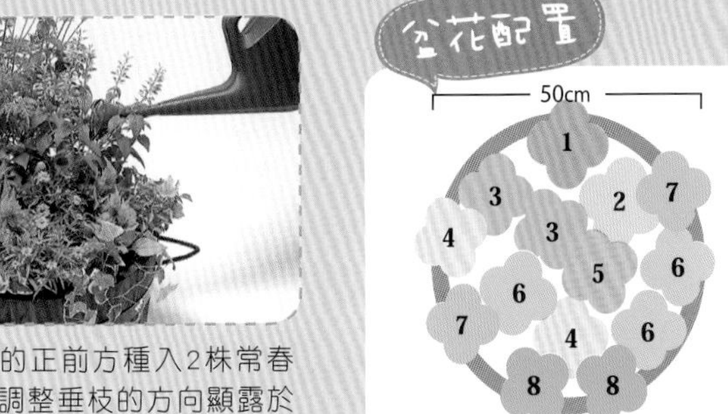

1.黃波斯菊
2.鼠尾草
3.番椒
4.黃小百日草
5.橘小百日草
6.羽毛雞冠花
7.綠莧草
8.常春藤

創意合植 輕鬆玩

Elegant & Pretty

Part 4

雅致柔美風

發揮巧思，試著組合幾種蘭花，製作一只典雅的花籃！

雅致的蘭花世界

文心蘭・細瓣蘭・薜荔・苔類

文心蘭

蘭科文心蘭屬的多年生植物。文心蘭屬目前已知有420種以上，比較常用在盆花上的是黃色小輪多花性的園藝品種。耐乾燥、不喜潮溼。喜歡強烈日照，除了盛夏時期別讓日光直射，只要稍微遮光即可。

薜荔

桑科的常綠蔓性植物，可應用其懸垂性質，當作懸掛植物或是合植的花材。在氣候溫暖的地區，也可以用來當廣場的收邊植物。性喜潮溼，夏天應充分澆水，冬季在乾燥的室內時，也需要不時的在葉片噴灑水分。

花籃

用樹枝或藤蔓編製成的花籃。比起用漂白後的藤蔓，使用帶有原本自然色澤的材料製作，會有一種沉著的氣氛。蘭花和黃銅盆缽以及陶土盆缽也很搭調。

細瓣蘭

蘭科細瓣蘭屬植物，附著在樹幹上生長的著生蘭花。原產於安地斯山地區，性喜冷涼多溼環境，較不耐高溫，留意勿使乾燥。為避免日照強光直射，應放置在蕾絲的窗簾內襯這種半日陰的環境之下。

苔類

薄片狀的青苔，分成新鮮及乾燥兩種。乾燥苔類可根據不同品種使用染色的苔類當作搭配材料。而這裡我們用來當作覆蓋材料，和木屑等製成的樹皮堆肥不同，深綠色的苔類讓花籃呈現出草原或原野的感覺。

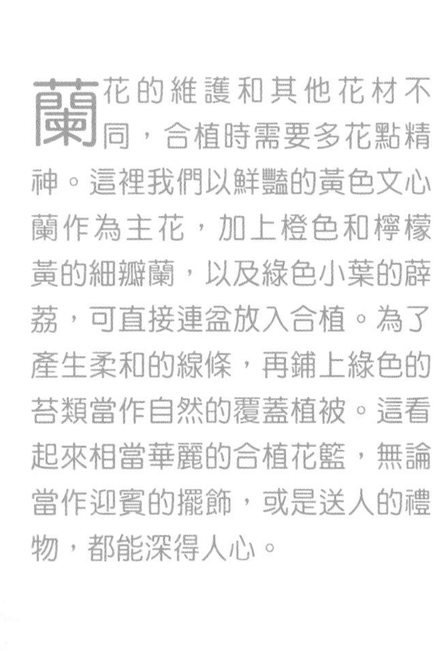

蘭花的維護和其他花材不同，合植時需要多花點精神。這裡我們以鮮豔的黃色文心蘭作為主花，加上橙色和檸檬黃的細瓣蘭，以及綠色小葉的薜荔，可直接連盆放入合植。為了產生柔和的線條，再鋪上綠色的苔類當作自然的覆蓋植被。這看起來相當華麗的合植花籃，無論當作迎賓的擺飾，或是送人的禮物，都能深得人心。

how to make

準備工作

植栽要點

洋蘭的合植盆栽由於組合的花材栽培方式多不相同，常用水苔代替土壤連盆栽種。一般市面上的水苔，都是以乾燥狀態並加以壓縮的形式販賣，使用時要先把水苔浸入裝滿水的桶中分散。乾燥水苔表面非常粗糙，此時最好戴上手套處理。等到水苔充分吸水後，輕輕擰出多餘的水分。水苔長時間使用後會腐爛，所以用過一次就要丟掉。

綠手指不可不知

關於文心蘭的二三事

文心蘭的名字在希臘文裡的意思是「突起的瘤狀」，是由oncos和eidos所組成的字彙。應該是由於唇瓣的中央有個小突起因而得名。此外，文心蘭的姿態看起來宛如正在翩翩起舞，因此在美國常被稱為「Dancing lady orchid」。眾多的小花有如群蝶飛舞，故也有「butterfly orchid」之稱。

Step by step 動手做，好簡單

check point

- 文心蘭喜歡偏乾燥的環境，細瓣蘭和薜荔則喜歡潮溼，要特別留意。
- 常開暖氣的房間中特別容易乾燥，過乾時文心蘭的花會有向內側捲曲的現象，記得勤加對花朵及葉片噴灑水霧。

1 為了澆水時水分不致從花籃裡漏出，先在底部鋪上一層玻璃紙。考量之後還要加入水苔，玻璃紙應該鋪滿到花籃開口上緣。

2 先將合植材料連盆缽一同放入花籃中看看，仔細觀察蘭花之間以及薜荔的高度，並調整到均衡的位置，這個步驟中也一併決定色彩的調和性。

3 先將水苔沾水，輕輕擰出多餘水分後鋪入花籃內。在低矮的花材下方應鋪上較多水苔。

4 文心蘭直接連盆缽一起合植，澆水時每個盆缽分開供水，即使是水分供給方式不同的植物也能各自長得很好。

5 仔細看好花材的正面面向後，將盆缽放入花籃中。細瓣蘭的花朵之間盡量不要交錯。花材間的高度平衡可用調整水苔來改變。

6 由於放入花材時是連盆缽一起，難免造成文心蘭與細瓣蘭之間不連貫，可將橫向延伸的薜荔加入其間串連，就看不出空隙了。

7 放入最後一株薜荔後再次調整高度，在花材之間的空隙充分加入水苔，讓花材不致產生晃動。

8 最後將整個花籃用山苔鋪滿，不僅在視覺上更美觀，還可以避免植物太乾燥。完成之後擺設在通風的地方。

盆花配置

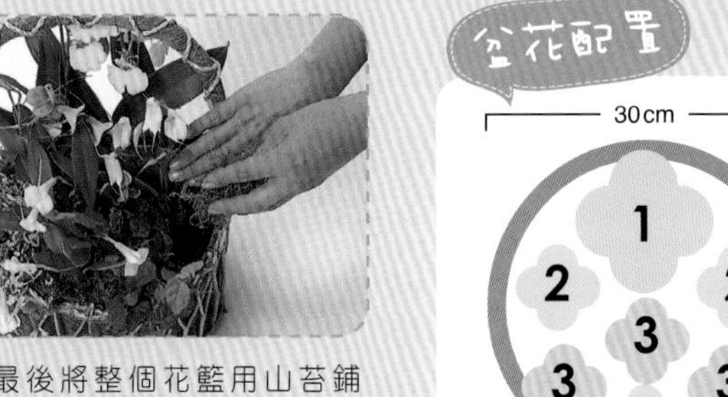

1.文心蘭　3.薜荔
2.細瓣蘭

色彩柔和的花卉與雅致的木盆，共創綺麗風情畫。

微風中搖曳的婀娜美姿

荷包牡丹・美女櫻・藍雛菊

荷包牡丹

原生於中國、朝鮮半島至日本森林、山谷間的荷包牡丹科多年生草本植物。如同釣竿般的花軸上著生數十朵心形小花。花色共有白色與粉紅色2種，花期為5～6月，耐寒，盆花約2月左右上市。忌高溫乾燥，必須種植在遮蔭半日照處，土表乾燥時再充分澆水。

美女櫻

別名為美人櫻的馬鞭草科草本植物，可分為一年生草本與多年生宿根草本兩種。美女櫻花形狀似櫻花，色彩相當豐富。除了大瓣品種外，還有枝條呈匍匐性，廣泛伸展地被的品種，以及矮性、高性等直立品種。美女櫻為向陽植物，必須栽種在日光充足的地方，夏季要保持良好的通風，花期極長為2~10月，故每月追加液肥2～3次。

木桶容器

這次為了配合花色，將木桶漆成米色。由於木桶的深度夠、容量大，植入較高的花草時依然能夠保持平衡。木桶的大小尺寸不一，可以依放置的地點、植物類別做不同選擇。

淡紫色花瓣與黃色心花呈對比色，屬於菊科常綠多年生草本植物，別名琉璃雛菊。喜好日光，花期為5～10月，盆植者若冬天移到室內，便常年開花。藍雛菊半耐寒，花期結束後，依然可以觀賞鑲斑葉片。

這是運用木製容器的特性，營造柔和氣氛的組合盆栽。漆上米色的木桶種滿了小巧可愛的花草，盆栽裡的主角白、粉紅兩色的荷包牡丹，其心狀花向下垂開，展現出一種獨特美。葉面鑲斑的美麗藍雛菊襯托荷包牡丹，再以色彩鮮明搶眼的美女櫻穿插其中。叢生的綠葉中頻頻露臉的小花看起來惹人憐愛，宛如粉蠟筆般美麗動人。

how to make

準備工作

植栽要點

硬陶土與木製花盆可以上漆，所以能配合擺設位置或合植的花卉任意配色。只要花一點時間，就可以製作一個能夠襯托出植物魅力的花槽。但是，容易受塗料溶劑侵蝕的塑膠盆與上色的陶器不適合再上漆。上漆時可以使用一般油漆或簡便的噴漆，在無火通風處作業。

綠手指不可不知

你知道嗎？荷包牡丹名字的由來

外形惹人憐愛而深受大眾喜愛的荷包牡丹，原本是掛在寺廟格窗上，用來裝飾佛龕前的心狀鍍金銅製佛具，上面刻有透明的花鳥、女神圖案。荷包牡丹的花冠就是因為狀似佛具「華鬘」而得名。

Step by step 動手做，好簡單

check point

- 荷包牡丹忌乾燥，勿直接放在西曬處。
- 花謝後要立刻摘除以免結果。特別是花期極長的藍雛菊以及美女櫻。
- 每週要追加1次液肥。藍雛菊容易遭到蚜蟲與葉蟎的侵襲，要使用草達滅錠劑或殺蟎劑加以預防。

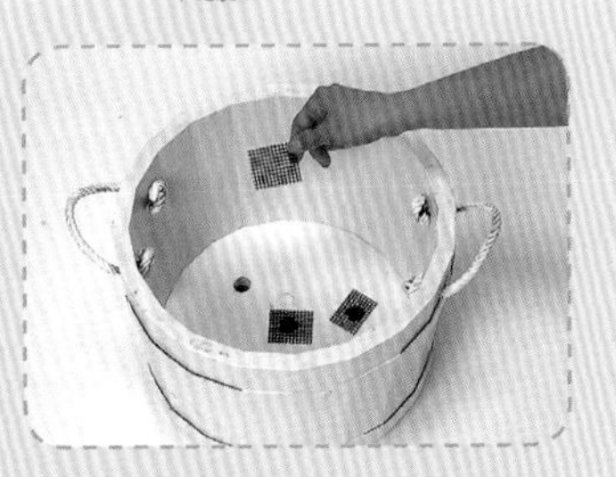

1 在木桶底部打洞利於排水，以免引起根腐病。接著鋪上適當大小的防蟲網以防土壤流失或蚯蚓等害蟲入侵。

2 鋪上占木桶高度1/5的盆底石以利排水，若沒有盆底石，可以改用小石礫或碎保麗龍以及大顆粒的赤玉土取代。

3 將調配好的培養土倒入盆中7分滿，再撒入一把緩效性肥料作為基肥，充分拌勻。

4 考量白色與粉紅色的荷包牡丹花軸的方向再植入中央部位。栽種時小心別傷到長花軸。

5 沿著盆緣並包圍荷包牡丹植入藍雛菊，必須讓白斑的葉片在綠葉之間得以顯現。

6 將搶眼的美女櫻種植在荷包牡丹與藍雛菊間。利用華麗的美女櫻隔開不同的植株。

7 最後將美女櫻植入最前方，保持懸垂的模樣。所有花卉種植完畢後，調整花盆的整體平衡，必要時再重新調整位置。

8 澆水時避免水勢過大，不要直接對著花葉澆灌，只要朝根基部緩緩給水，直到水自盆底流出為止。

盆花配置

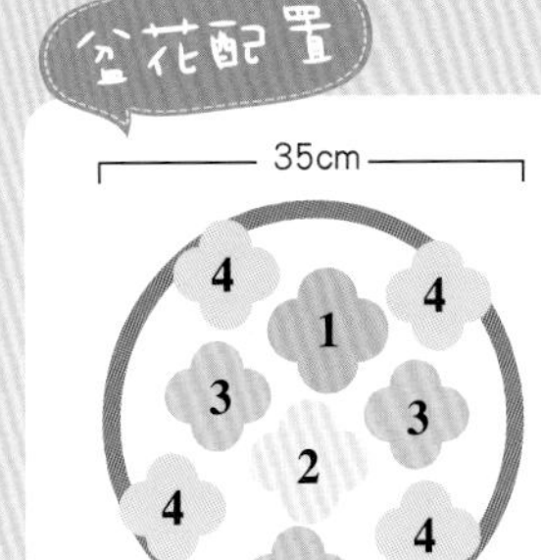

1.荷包牡丹（粉紅） 3.美女櫻
2.荷包牡丹（白） 4.藍雛菊

以典雅的酒紅色為主要色系，靈活運用鬱金香的株高，創作出古典風。

氣質典雅的鬱金香合植

鬱金香・三色堇・銀葉菊

鬱金香

百合科，花型和品種都相當繁多，適合秋天種植的球根植物。花色有單色、雙色、漸層等各式各樣，甚至還有一些品種在花瓣上有斑紋或是鑲邊。花期因品種不同而多少有異，大致上是從種植球根4～5個月後開花。

三色堇

耐寒性強，初冬到晚春這段期間陸續開花的堇菜科一年生植物。花色有白、黃、橙、粉紅、紫、藍、深紅、黑等顏色，花瓣呈現波浪摺邊，變化多樣。巨大輪花到中輪花的品種多稱為pansy，而小輪花品種則稱為viola。花期相當長，從10～6月，所以肥料的供應不可短缺。

花器

陶土燒製的花盆。陶土花盆表面能讓空氣流通，因通氣性較佳，而且其自然的色澤，不論種植什麼花材都相當合適。這裡可以配合鬱金香根球，選擇深度及大小適用的花器。

西伯利亞山茱萸

屬於山茱萸科的落葉灌木，為白山西伯利亞茱萸(*Cornus alba*)的一個品種。12～3月之間以切花的形式販售。冬季落葉後則可欣賞紅色的枝條。由於枝條直立生長，也被稱為「紅棒」。

銀葉菊

葉和莖表面密布白色細毛，整體看起來呈銀白色的菊科宿根植物，耐寒性強健且栽培容易。第2年的初夏綻放黃色花朵，植株會長到60公分左右。性喜日照，耐夏季高溫，但不耐潮溼，因此不能過量澆水。

雖然鬱金香開花期短暫，但搭配花期較長的三色堇，以及多年生的銀葉菊，便能長時間繼續玩賞。為了能烘托出酒紅色鬱金香的典雅氣息，選擇茶紅色、酒紅色、深紅色等同色系的三色堇，以及帶有美麗紅色枝條的西伯利亞茱萸(*Cornus alba* var. *sibirica*)為了柔和鬱金香厚重的葉片，搭配銀葉菊的銀色葉片做點綴，再用一點西伯利亞山茱萸當作支柱，構成一個自然的圓錐形結構，還能避免鬱金香的花莖直接被風吹拂，也可以用深褐色的細樹枝代替。

how to make

準備工作

植栽要點

纖維繩是由植物纖維製成，常用來當作製作花環或花束的材料，也可以當緞帶的替代品。一般市面上販售的都是乾燥狀態，如果作為綑綁之用，最好先浸過水，泡軟之後比較好用。纖維繩不但堅韌，而且又是天然材料，固定時不會傷害到植物，不但可用來綑綁支柱和莖部，還可以用在嫁接時固定接穗與砧木。

綠手指不可不知

球根不只是根

球根不僅只有根部，植物很多其他部分也能改變型態成為球根。比較多的情況是葉或莖肥大造成，另外由花形成的種類也很多。從葉變化為球根的代表性植物有鬱金香、風信子、番紅花、百合等，而由莖部肥大變化的則有美人蕉、薑、白頭翁、海芋等。由根部變化成球根的是大理花、陸蓮花等。

Step by step 動手做，好簡單

check point

- 鬱金香的株高較高，可以擺設在日照良好的屋簷下或是玄關，並避免強風吹拂。
- 開完花之後，為了防止結實應將花朵從莖基部摘除。
- 要讓球根飽滿，以及三色堇的開花狀況良好，可以每週施放1次液態肥料。
- 若鬱金香的葉片開始變黃，應將球根挖起，乾燥後放入網袋，秋季之前保存在陰涼的場所。

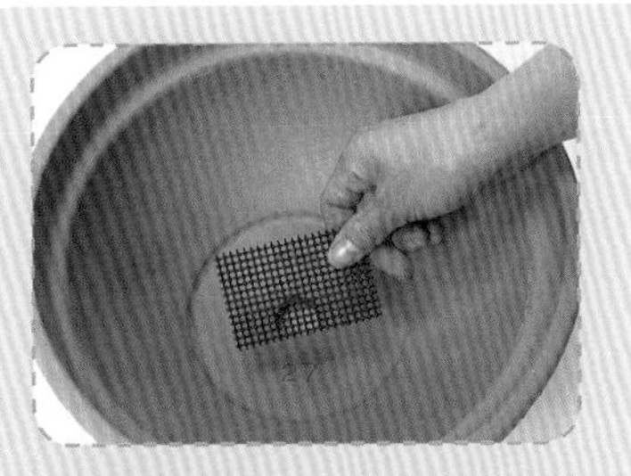

1 剪取適當大小的防蟲網，鋪在盆缽底孔之上，防止土壤漏出及害蟲入侵。

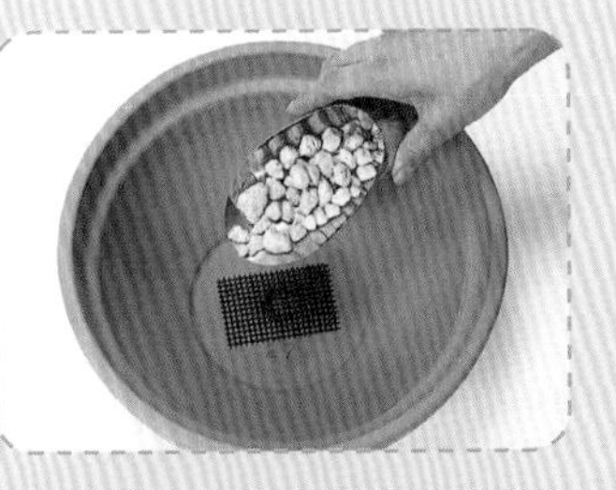

2 鋪滿2～3公分厚度的盆底石方便排水。如果沒有盆底石(輕石)，可以用大顆粒的赤玉土或是保麗龍的細碎顆粒代替。

3 將調製好的培養土倒入盆缽7分滿。在上面並添加一把緩效性肥料作為基肥，之後仔細將土壤和肥料均勻攪拌。

4 先將鬱金香連盆放置在花器的中央，確認位置的均衡。要注意勿使各個球根散落，只要將土壤輕輕抖落，一面調整高度之後再種植。

5 一面留意不傷到鬱金香的球根及根系，一面將三色堇一株株分別植入花器。注意不要讓三色堇的花朵正面轉向後方。

6 在三色堇之間加入銀葉菊。此時要注意整體造型的均衡，以圍繞花器的方式種植。

7 將剪成適當長度的西伯利亞山茱萸枝條插入花株之間。這項材料也可用樹木枝條代替。

8 調整插入的西伯利亞山茱萸枝條的枝梢，使其成為漂亮的圓錐形，再繫上纖維繩。充分澆水，直到盆底流出多餘水分。

盆花配置

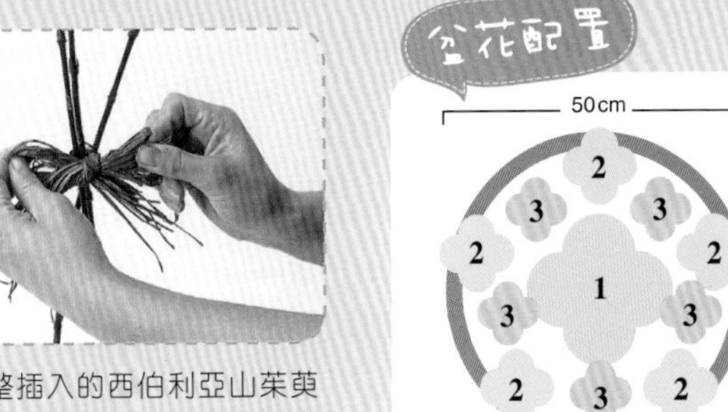

1.鬱金香
2.三色堇
3.銀葉菊

黑白花色的對立，軟葉與尖葉的對比，享受正反組合的非凡魅力。

黑與白的魅力對話

黑色三色堇・金魚草・武竹・石菖蒲・香雪球・野芝麻・陌上菜

金魚草

性喜排水良好土壤與向陽處的玄參科多年生植物。花具香氣，品種多，在此所使用的是高15～25公分的矮性品種。雖不需摘心，可是一旦通風不良就會不健挺，混合栽種時須特別注意間隔距離。

石菖蒲

天南星科菖蒲屬常綠多年生草本植物。花期為3～5月，性喜向陽。野生於河川、潮溼地帶。終年可分株繁殖，葉細呈劍狀，有白色或淡黃色斑紋。石菖蒲的莖根乾燥後可做成中藥，治療疼痛與消化不良，效果良好。

野芝麻

唇形科匍匐性多年生草本植物，斑紋美麗且帶紫蘇質感，向陽或半日照皆可培育良好，但若希望斑紋更加美麗，建議採用半日照的方式。

陶盆

使用可放入許多花苗且根部可自由伸展的赤陶花盆。建議放置在架臺或瓶腳上，以免產生通風及排水不良的狀況。

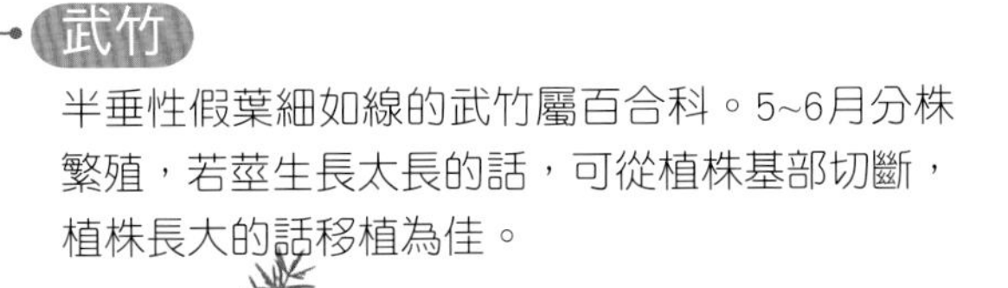

武竹

半垂性假葉細如線的武竹屬百合科。5~6月分株繁殖，若莖生長太長的話，可從植株基部切斷，植株長大的話移植為佳。

黑色三色菫

三色菫裡開黑色花的「jet black」通稱為黑色菫。花直徑約5公分，中央的黃色花眼突顯出花瓣黑天鵝絨的質感，與其他菫菜類植物相同。仔細摘取花莖，可以幫助其開花旺盛，還可以防蟲害。

香雪球

開滿白色與薔薇色的小花，散發淡淡的香氣，所以也擁有「Sweet Alyssum」的稱號。斜上的生長方式可充當合植容器的邊飾。開花後將其剪切放置於涼爽的地方，秋天時又能開花，相當耐寒。

陌上菜

玄參科常綠多年生植物。一年四季開滿白色的小花。不高，匍匐方式生長可結許多種子。

尖葉的石菖蒲與軟葉的武竹。以強弱感強烈的綠葉為背景，襯托出主角黑色三色菫的黑色異國風情，與香雪球的白色小花互相輝映，再搭配風姿迷人的金魚草與獨特質感的野芝麻，呈現出個性化的魅力。

how to make

準備工作

植栽要點

要讓用土通風、排水、保溼性良好，可使用大顆赤玉土、腐葉土、珍珠石、蛭石比例各為5:3:1:1混合。也可於數月間用效果持久的緩效性粒狀化學肥料當作基肥施肥。花期結束的植物如果不要結成果實，最好用手或剪刀從花的梗基部小心除去花梗，以免影響到植株生長。若是土表乾燥的情況，則給水量以水能從盆底排出餘水為主。

綠手指不可不知

金魚草與龍頭花 一花兩面

摘下金魚草花花梗時，花瓣突然敞開的樣子，很像金魚一張一闔的嘴巴，金魚草因此得名。而在英國，英國人卻覺得它看起來很像張開大嘴的龍，所以稱它為「龍頭花」。在法國則被比為獅子的嘴巴，取名為「獅子花」。

check point

➡ 這次的合植花園中若黑色三色堇與金魚草花期結束的話，可換種夏天花苗。也可剪掉徒長的香雪球、武竹、陌上菜保存。

1 在盆底洞口的上方鋪上比洞更大面積的防蟲網，也可用廚房排水口用的塑膠濾網。

2 為要排水良好，在盆深1/5處鋪上盆底石，上面再加入培養土，從盆底算起盆深1/3處。之後加入適量的緩效性肥料混合。

3 武竹植插於最後方，要配合合植的大背景來考量葉叢寬廣度。

4 石菖蒲苗高度較高，可種在盆缽後側。從盆子取出時若有苗根錯結的情況，要先整理開後再栽種。

5 金魚草擺放於綠色系前方，需特別注意花株方向與形態。下邊葉片若有損傷的話，則於栽種前須先摘除。

6 黑色三色堇扮演主花角色，配置前必須考量二棵黑色三色堇的平衡性，盆中白色細根若有錯結的情況，要先整理解開之後再栽種。

7 低矮野芝麻、陌上菜及香雪球斜插種植。三者都是斜上或匍匐生長的植物，可利用它們的特性來裝飾盆緣。

8 空隙處用土填補，給水需充足，要有水能從盆底流出的量左右，但必須往根部澆水，忌直接澆水在花及葉上。

盆花配置

30cm

1 2 3 4 4 5 5 6 6

1.武竹
2.石昌蒲
3.金魚草
4.黑色三色堇
5.陌上菜
6.野芝麻
7.香雪球

朝氣蓬勃與柔和色彩的對比色調，宛如花與葉的共舞。

花與葉的華爾滋

彩葉草・秋海棠

彩葉草(3種)

彩葉草有一年生草本及宿根性草本，春天及秋天適合採光良好的半日陰場所，夏天要避免強烈日照。一年生草本彩葉草在晚秋中結束，宿根性草本彩葉草在室內可過冬，在此使用的品種為單片葉子擁有紫色、粉色、黃、綠色的大型葉品種為主，2種顏色的中型葉子及鋸齒狀似菊花葉的品種組合而成。

花器

形狀開口寬喇叭狀陶製花盆，搭配分量豐富的合植恰如其分，苔綠色表面上釉邊緣帶有凹凸的圖案。

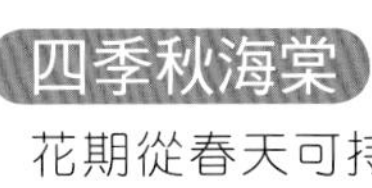

四季秋海棠

花期從春天可持續到秋天，開著紅、白及粉色的花搭配綠色或有點紅的葉子。此花偏愛向陽，不耐盛夏直射的陽光和西曬，需要每個月施加二次液體肥料維持花期，並仔細摘取花蒂防止黴菌和病害。

灌木狀秋海棠(2種)

秋海棠科的宿根性草本植物，特徵是長出側芽，植株大，喜好向陽及稍微溼潤的土壤。夏天時將太過密集的葉和莖修剪是很重要的。這裡使用的是葉片較大，白色及粉色花朵往下垂的品種。

富多樣色彩及多變葉形的彩葉草上，加上葉面光滑，開花期較長的秋海棠，數種品種組合在一起，表現出原始風貌及不同個性，把色彩對比的葉子層層相疊若隱若現，更加襯出白色、粉色的秋海棠楚楚可憐的模樣。

how to make

準備工作

植栽要點

此處在泥炭苔和椰子殼泥炭、腐葉土、赤玉土均分混合的用土上，加入少量的堆肥、黏土球緩效性的化學肥料。秋海棠、彩葉草都不喜乾燥的土質，要讓土壤一直保持溼潤狀態。夏季早晚澆水2次，其他時期每日一次即可，充分給水直到水從盆底孔流出為止。但不可直接澆在花、葉上面，以免造成葉色變差、腐爛。

綠手指不可不知

入門者也可輕鬆栽培的彩葉合植

以彩葉為主體的合植比單是花卉合植觀賞期長，不必費心開花狀況的施肥問題，更無需留意花芽剪定，任意放置依然可以生長。總而言之，其特徵就是管理容易。除了這裡的主角彩葉草外，也可利用紅點草、甘薯、彩葉、白妙菊，享受觀葉植物合植的樂趣！

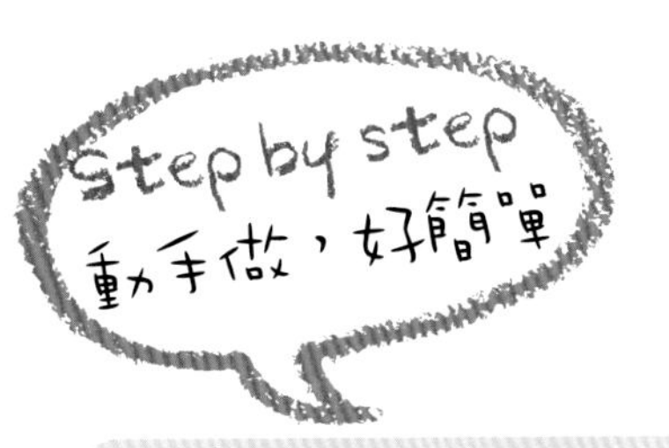

check point

- 彩葉草於夏季會長花穗，徒長的話會影響盆花的整體性，應及早摘除。
- 灌木狀秋海棠夏季會休眠，秋季再度開花。四季秋海棠則從春天到晚秋陸續長花芽。冬天擺置在日照良好的溫暖窗邊。
- 更換一年生的大型葉彩葉草和萊姆綠的中型葉彩葉草植株的話，隔年仍舊可供觀賞。

1 因為使用深盆，所以只需要使用盆底石，底部不用加高。盆底鋪上防蟲網，網上鋪滿約5公分的大顆盆底石。最後再薄薄地灑上中顆的盆底石。

2 接下來填入培養土至盆緣以下17～18公分，表面散灑少量的化學肥料，用指間輕輕撥弄使土壤整平。

3 先將大型葉的彩葉草2株種於盆中央，栽植重點為後方擺置較高的植株，與斜前方另一較低矮植株之葉片相望。

4 為了運用下垂莖的韻律感，灌木狀的秋海棠栽植於前方，左側為白花、右側為粉紅花，讓花色在葉子中顯現。

5 胭脂色的中型葉彩葉草栽種於大型葉的彩葉草之後，讓顏色濃烈的它展現從群葉中竄出嬌容的效果。

6 接下來在胭脂色的中型葉彩葉草後方種植萊姆綠的中型葉彩葉草。從後方探出頭的鮮亮顏色與前方的深色葉對比強烈。

7 一般菊葉型的彩葉草彷彿把萊姆綠的中型葉彩葉草環峙其中，左右栽植。從正面來看，彩葉草略向左邊緊靠是其重點。

8 最後將四季秋海棠種在粉紅色灌木狀秋海棠後面，植株間的空隙以土填滿，給水充足直到餘水排出盆孔為止。

盆花配置

35cm

1.大型葉彩葉草
2.中型葉彩葉草(胭脂色)
3.中型葉彩葉草(萊姆綠)
4.菊葉型的彩葉草
5.灌木狀秋海棠(粉紅)
6.灌木狀秋海棠(白)
7.四季秋海棠

像從原野摘取花朵，以純白製作出一盆質樸而高雅的合植盆花！

暗香浮動的田園春意

紫羅蘭・三色堇・堇菜・白晶菊・雛菊・香雪球・金錢薄荷・過長沙・義大利蠟菊・軟墊菊

義大利蠟菊

散發出類似咖哩的香氣，帶有銀白色葉片，英文名稱為curry plant，是一種常使用在湯品中增添芳香的香草植物。屬於菊科的半耐寒性常綠灌木，每到7～8月綻放黃色花朵。

白晶菊

原產於歐洲的半耐寒性一年生草本植物。花期長且價格較便宜，可在花壇上種植成整片花毯。近來也有大輪花品種「Snow land」上市。

過長沙

玄參科的常綠多年草本植物，耐寒性強，即使在半日陰下也能生長。全年綻放許多白色小花，具有匍匐性，適合當作地被植物或懸吊植物。

香雪球

散發出甜香，花色有白、粉紅、薰衣草色等。小巧的十字型花朵密生，形成毯狀，常用來當作毯狀花壇或是合植花壇中的收邊植物。春季開花之後加以修剪，可在秋季再欣賞一次開花景致。

花器

使用兼具優良通氣性及排水性的陶土植栽槽。放在窗邊或牆邊，讓花朵滿開看來像是溢出花器般。

紫羅蘭

十字花科的一年生草本植物，花期在10月～4月中旬。在長花穗上綻放多數花朵，有單瓣花及重瓣花。香氣濃郁，而花色的紫、白、紅、粉紅等。常用來當作切花使用。

堇菜

基本上和三色堇屬於同種植物，但花徑2～4公分的小輪花品種則稱為堇菜。堇菜接近野生品種，生長迅速，適於用在合植盆栽。

三色堇

耐寒性強，冬季陸續開花供人欣賞，屬於堇菜科具有耐寒性的一年生草本植物。花色豐富，花瓣大小各有不同。在區分上，小輪品種稱為堇菜，而中輪到巨大輪品種則稱為三色堇。

雛菊

原產地為歐洲，生命力旺盛的花朵，在草地中就像雜草一樣，被當作一年生草本植物栽培。花色有紅、白、粉紅、斑紋等，花期為11～5月。

軟墊菊

原產於澳洲的菊科植物，葉形小，且銀白色的細莖交錯生長，屬於半耐寒性的常綠灌木。不喜高溫多溼，應放置在通風優良的場所栽培。植株充滿活力時會綻放黃色小花。

金錢薄荷

唇形科的常綠多年生草本植物，從藤蔓會陸續長出走莖，往橫向延伸，因此適合當作地被植物。從向陽到半日陰環境都可栽培，耐寒性強，開紫色小花。

選擇帶有柔和氣質的各式花朵，以單一色調搭配的盆花，散發出穩定和諧的氣氛。這裡為了減少顏色的變化，雖然也使用淡奶油色的三色堇，只要能以純白色調統合，仍舊能營造出清新的意象。

how to make

植栽要點

這裡使用的是市售培養土，也可使用赤玉土、腐葉土、蛭石，以6：3：1的比例混合而成的土壤。自己調配用土時，最好經過一段時間發酵，因此提早做好備用比較方便。幫助排水的盆底石，不論花器大小，都以鋪設盆缽深度1/5為原則。也可使用輕石，或是大顆粒的赤玉土代替盆底石。此外，使用效果持續的緩效性肥料當作基肥。澆水時可順便添加開花促進劑。

綠手指不可不知

夢想中的庭園——思辛赫思特(Sissinghurst)的白色花園

英國庭園的美妙為世界所公認，尤其思辛赫思特的庭園更是讓眾人憧憬不已。1930年代，英國的尼可森(Nicolson)夫婦，買下當時已成廢墟的思辛赫思特城，塑造成一座完美的庭園。其中最有名的，就是僅僅以白色花朵構成的白色庭園。

Step by step 動手做，好簡單

check point

- 香雪球若能在春季開花之後加以修剪，秋季會再開一次花。
- 紫羅蘭、三色堇、堇菜的花期較長，可每週施放1次液態肥料。而入春季節容易有葉蟎和蚜蟲，應及早施用藥劑。
- 這盆盆花應放置在日照良好的場所栽培，並在結種之前把殘花摘除。

1 為防止根部腐爛，使用有底孔的花器，並在底孔上鋪設防蟲網。

2 將盆底石(輕石)鋪設厚度2～3公分。若沒有盆底石，也可用大顆粒的赤玉土，或是碎保麗龍顆粒來代替。

3 將市售已調整過的培養土，倒入盆缽七分滿處。輕輕撒入緩效性肥料，充分攪拌混合。

4 首先植入株高較高的紫羅蘭，接著是義大利蠟菊。三色堇和堇菜成長後株高變高，可種植在花器的中間或稍偏後方的位置。

5 加入白晶菊。白晶菊和三色堇一樣，也屬於型態開展的草花，如果幼苗形體較大，僅種植1株也可。

6 重新觀察花器的整體均衡感後，加入雛菊和軟墊菊。種植雛菊時要朝正面種植。

7 在花器兩側的角落加入香雪球、金錢薄荷、過長沙後，即可完成。將下垂綻放的花朵種植在花器邊緣，可產生花朵溢滿盆器的感覺。

8 澆水時避免將水噴濺到花和葉片，對著根基部大量供水，直到有水分從盆缽底部流出為止。

盆花配置

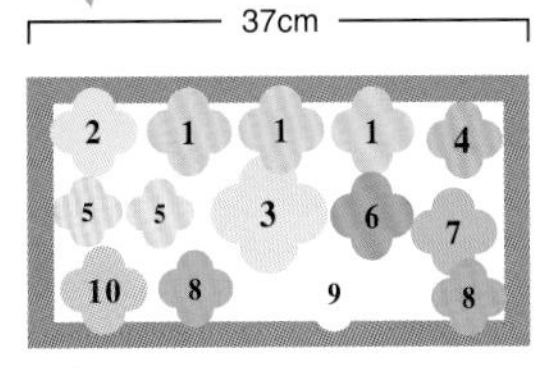

1.紫羅蘭
2.義大利蠟菊
3.三色堇
4.堇菜
5.白晶菊
6.雛菊
7.軟墊菊
8.香雪球
9.金錢薄荷
10.過長沙

在綠意圍繞下，純白與淡紫色的小花展露歡顏，彷彿身處自然之中。

恬淡幽雅的鄉間風情

雪片蓮・羽衣茉莉・松蟲草・麥稈菊・過長沙

羽衣茉莉

屬於木犀科常綠蔓性植物，也有葉片帶有白色斑點的品種，每到3～6月便散發出甜美的香氣。開花形態優美，且冬季也不落葉。寒冷地區以盆植為主，並在冬季時移入室內日照良好的場所照顧。

麥稈菊

原是欣賞花朵的植物，幾年前在市面上出現了以葉片為主的品種，其中又以萊姆色葉片的「Aurea」和葉片上有斑點的「斑葉麥稈菊」最適合用於合植盆栽。這些品種雖然耐寒性強且性質強健，但不喜愛高溫多溼，必須在通風良好的向陽環境下栽培。

花器

淺赭色的陶土平盆上，另有花紋及飾耳，適合根系不深的植物，亦可搭配鐵製花架或吊盆擺飾。使用淺盆時，為了讓整體看來具有分量，種植時要先將中央的土壤稍微堆高。容易乾燥，在澆水方面必須充分留意。

雪片蓮

原產於歐洲南部的石蒜科球根植物，學名為*Leucojum aestivum*，自古以來也以「鈴蘭水仙」之名廣為人知。在秋季種植之後，到了春季4～5月則可看到花莖頂端綻放數輪類似鈴蘭的吊鐘狀白花。經過4～5年開花狀況會變差，應在6月左右挖起植株並進行分球，等到秋季再重新種植。

松蟲草

屬於斷續科，學名為*Scabiosa atropurpurea*，原產於歐洲，又稱為「西洋松蟲草」。不但花朵較大，花色也較鮮豔。株高由高到低，花色也從白、粉紅、紅、紫、藍等。花期為5~10月，耐寒，不喜愛極度乾燥及高溫的環境。

過長沙

玄參科的常綠多年生草本植物，耐寒性佳，在半日陰環境下也能生長。具匍匐性，且全年綻放許多白色小花，很適合當作地被植物。用來當作盆花或吊籃花材時，應種植在盆緣，營造出花朵滿溢的感覺。

羽衣茉莉的藤蔓、兩種不同葉色的麥稈菊、加上過長沙等多樣的綠色為基調，搭配美麗的淡紫色松蟲草以及純白的雪片蓮，製作成一盆合植盆栽。在圓形的矮盆中，更能展現出在自然原野中植物盛開的效果。

how to make

準備工作

① 陶土平盆(直徑30公分)1只
② 羽衣茉莉1株
③ 雪片蓮1株
④ 松蟲草2株
⑤ 過長沙2株
⑥ 麥稈菊「Aurea」1株
⑦ 麥稈菊「斑葉麥稈菊」2株
⑧ 防蟲網
⑨ 園藝肥料適量
⑩ 盆底石適量
⑪ 培養土適量

植栽要點

若使用市售土壤，應選擇含有較多泥炭苔及蛭石的草花用培養土。如果自行調配，則以保水性優良的小顆粒赤玉土7，加上腐葉土或調整後的泥炭苔等有機質土壤3的比例加以混合。球根植物本身已貯存養分，因此不需要再施放，若與其他植物合植，則可在土壤中加入顆粒狀的緩效性化學肥料，並每週在澆水時在水中加入1～2次的液態肥料，讓花開得更好。

綠手指不可不知

不同種植時期的球根種類

球根可依照種植的時期來加以分類。春季種植的球根有大理花、美人蕉、劍蘭等，並從夏季到秋季開花。夏季種植的球根則有石蒜類、秋水仙等，先在秋季開花，之後才會長出葉片。秋季種植的球根種類最多，有地中海沿岸地區的鬱金香、水仙、銀蓮花、串鈴花，以及原產於亞洲的百合等，是屬於春季開花的種類。

Step by step 動手做，好簡單

check point

- 雪片蓮的花期最早結束，之後應將莖從基部切除，等到葉片乾枯後將整個植株挖起，可移到其他盆缽或是庭園中栽培。
- 羽衣茉莉的藤蔓生長之後，必須勤加修剪，可以移到較大的盆缽，或是移植到露地栽培。

1 在花器的盆缽底孔放上防蟲網，並在盆底鋪上2～3公分高的盆底石。之後加入草花用培養土到七分滿，接著混合基肥。

2 從蔓性的羽衣茉莉開始種植，種植時將藤蔓朝向外側。如果根系有糾結的狀況，應輕輕耙開。

3 由於雪片蓮的球根根系尚未完全伸展，因此根盤散亂，容易傾倒。應小心地種在羽衣茉莉旁邊。

4 在雪片蓮後方配植麥稈菊「Aurea」，讓明亮的黃綠色葉片若隱若現。

5 將一株松蟲草種植在後方，另一株則朝向正面種植在前方。由於花的面向富有變化，讓人如置身自然原野一般的感覺。

6 在羽衣茉莉及2株松蟲草的前方，分別加入斑葉麥稈菊。若植株過大，可將盆缽中央的土壤拿掉一些，比較方便作業。

7 在盆栽前方加入過長沙以懸垂方式裝飾，更增添活潑的表情。留意不傷害到球根的情況下，一面在植株之間加入培養土填滿。

8 澆水時不可直接對著花和葉，使用噴嘴較長的噴壺對著根基部澆遍整個盆缽，直到有多餘的水從盆底流出為止。

盆花配置

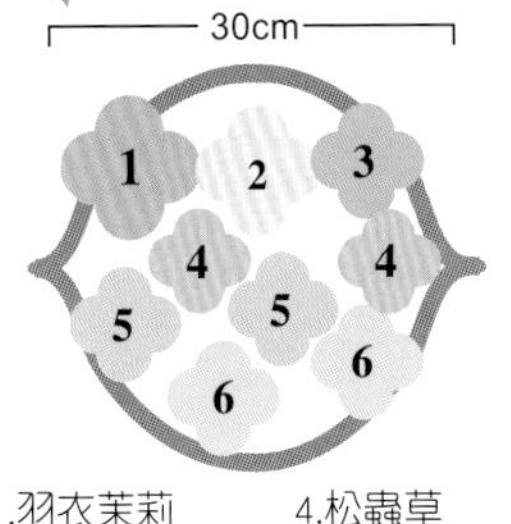

1.羽衣茉莉
2.雪片蓮
3.麥稈菊「Aurea」
4.松蟲草
5.斑葉麥稈菊
6.過長沙

楚楚動人的黃色花朵搭配綠色植物，構築出一幅夏日的原野風情。

灑落滿室的金黃

百日草・黃帝菊・天人菊・月見草・彩葉草・吊蘭・常春藤

百日草

菊科植物。主要自生在墨西哥，屬於一年生草本植物，其特徵為鮮豔的花色，以及長期不枯萎。這裡使用百日草(黃色)及小百日草(白色)兩個品種。

月見草

分布於全世界的柳葉菜科植物，從6月到11月都可欣賞到花朵。屬於具耐寒性的宿根草本植物，除了盆栽外，也可用來當作地被植物。

吊蘭

自生於北美西部山區的百合科多年生草本植物。園藝品種中有分為帶有斑紋以及不帶斑紋的種類。葉形呈流線形曲線，合植時可善用這項特質。

花器

具有優良的通氣性及吸溼性的木製植栽槽。為了不因水分或受植物生長壓迫而變形，側面應加以補強。

天人菊

別名德州雛菊，為原產於南北美的菊科天人菊屬植物。自古就為人所熟知的園藝植物。

彩葉草

分布於熱帶、亞熱帶的唇形科植物。通常自生的品種被視為多年生草本植物，而栽培品種則為一年生草本植物。葉色、葉形的變化相當豐富，是很受歡迎的觀葉植物。

黃帝菊

從6月到10月持續開花的菊科一年生草本植物。屬於可耐夏日強光以及乾燥的植物，但也能適應半日陰的環境。

常春藤

五加科的蔓性常綠植物，常用在合植盆栽或是造型植物。性質強健，可當作地被或圍籬用植物。

選用黃帝菊及月見草等黃色的小型花朵，加上帶有黃色斑紋的綠色植物搭配，並以百日草當作襯托。以黑色的木製植栽槽代表大地的意象，與黃色的花朵形成鮮明的對比，讓這盆盆花顯現出朝氣蓬勃的原野景象。

以同色系植物搭配時容易流於單調，因此為了營造更自然的氣氛，應巧妙活用色彩上的差異，以及配植時突顯出各自不同的葉形。

how to make

準備工作

植栽要點

由於這裡使用間隙較大的木製植栽槽，土壤也必須有相當程度的保水性。草花專用的培養土於黑土含量高，含水之後會變重，應混入一些較為質輕的土壤。以培養土4、加入保水良好同時不會造成土質黏稠的小顆粒赤玉土4、蛭石0.5、質輕且保肥性優良的腐葉土1.5，使用以上比例混合的土壤最為理想。最後再加入1匙左右的緩效性肥料混合均勻。

綠手指不可不知

阿茲特克文明與百日草的關係

百日草屬的植物大多原產於墨西哥，其栽培的歷史，可追溯到墨西哥興盛的阿茲特克文明時期。據稱在16世紀就已進行栽培，之後百日草越過大西洋到了歐洲，從此成為園藝植物。型態單調的野生品種經過歐美各國持續不斷的改良，現在已產生許多不同品種。

Step by step 動手做，好簡單

check point

- 雖然保持些微乾燥的管理是持久的重點，但由於植栽槽較小，必須注意缺水的狀況。尤其盛夏季節即使早上大量澆水，到了晚上還是變得乾燥，這時也可補充少量水分。
- 入秋時補充磷肥，可促進花期較長的植物開花。

1 在木製植栽槽底部鋪設防蟲網，再放入盆底石。由於植栽槽並不深，只要加入盆高的1/10即可。

2 調整培養土的用量，使得最大的植株基部能恰巧在植栽槽邊緣下方2～3公分的位置，預留充分的澆水空間。

3 將株高最高的天人菊花苗從容器中取出，摘除受傷的葉片後放入植栽槽。要以花朵看來美麗的方向當作正面。

4 將植株次高的百日草均衡植入天人菊的兩側。如果根系沒有糾結，則不需要去除附著的土壤。

5 將點綴用的白色小百日草種在中央，接著種植彩葉草。種植時以培養土調整到每種植物的基部在高度相同的位置。

6 接著加入黃帝菊、吊蘭。將吊蘭斜插入植栽槽，使葉形曲線朝花器邊緣延伸開展。

7 以加入吊蘭的相同手法種植常春藤，並加入月見草。作業時留意切勿傷害到已種植的植物，以及月見草纖細的莖部。

8 在各株植物的空隙間補足培養土，並在使用噴壺大量澆水時，一面沖刷附著在葉片上的土壤。澆水時切忌噴溼花朵。

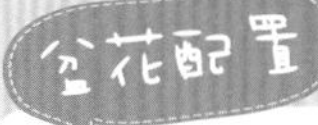

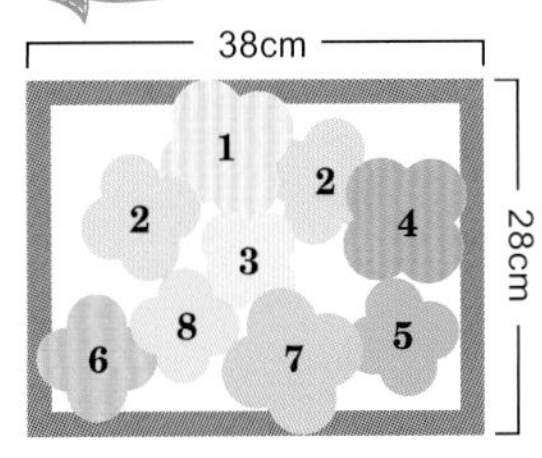

1.天人菊	5.黃帝菊
2.百日草	6.吊蘭
3.小百日草	7.常春藤
4.彩葉草	8.月見草

豔麗的紫色花朵以及沉穩的綠色植物，散發出優美氣氛。

點點繁星墜落人間

金露花・紫扇花・繁星花・考波羅茜草

金露花

原產於南美，特徵在綻放多數小型漏斗狀花朵的穗狀花莖，懸垂在葉片之間。花朵有藍紫、淡紫、白，以及紫花中帶有白色覆輪等，有些還會散發出類似香草的甜香。這裡所使用的是「Violet」(上)以及「Takarazuka」(下)2個品種。 喜愛排水良好的土壤。

紫扇花

主要分布在澳洲、玻里尼西亞地區，屬於草海桐科的常綠宿根草本植物。春季到秋季都能欣賞到花朵，修剪莖部可促使側芽生長，會綻放出更多的花朵。莖部有橫向延伸的性質，也很適合用來作為吊盆栽培。需要排水及日照條件良好的環境。

花器

使用兼具優良排水性及通氣性的法國製陶土盆缽。雖然不深，但開口處相當寬，可盛裝大量土壤，即使像是金露花這種較高的植株，根部也能充分伸展穩定生長。

繁星花

茜草科的宿根草本植物，隨著生長會造成莖部下方呈現木質化。原產於非洲、馬達加斯加島等地，耐暑亦耐寒，但不耐多溼。在寒冷地區只要管理上保持略微乾燥，到了隔年仍能正常開花。

考波羅茜草

以澳洲、紐西蘭為中心，分布廣達太平洋諸島、南美等地的茜草科常綠灌木，在原產地常用來當作綠籬植物。這裡使用的是具有匍匐性的*Coprosma kirkii*。由於在遮蔭處也能生長很好，因此也能成為室內的觀賞植物。

綻放穗狀小花，宛如蕾絲緞帶垂吊的金露花，與綻放多數扇形花朵的紫扇花，形成一片紫色花朵爭奇鬥妍，搭配上綠色植物則立刻成為明亮搶眼的合植盆花。在淺陶土盆中植入高度各異的兩種金露花塑造出立體感，並加入白色的繁星花作為點綴。由於這次使用的皆為常綠植物，因此即使到了冬季也能當作綠色植物盆栽來欣賞。

how to make

植栽要點

這盆盆花要使用具有優良排水性的陶土盆缽，並在一般草花專用的培養土中混合兼具良好排水性及保肥性的小顆粒赤玉土。這裡使用了草花專用培養土4：小顆粒赤玉土4：腐葉土1.5：蛭石0.5的比例充分混合，並加入緩效性肥料。若使用排水性及通氣性不甚優良的塑膠製盆缽，可將草花專用培養土一半換成河砂，並加入較高比例的腐葉土。

綠手指不可不知

彷彿揮舞著手掌的紫扇花

Blue fan flower的英文名稱，便是因為花形酷似扇子而得名。其學名中的「Scaevola」一字，應該是從拉丁文中「左手」一字而來。而紫扇花的5片花瓣隨風搖曳的姿態，像是輕輕舞動著手掌，也像是送出陣陣涼風的扇子。

check point

- 繁星花不耐太過潮溼的環境，需留意避免澆水過量。除了夏季之外，應每月以置肥方式施加一次追肥。
- 每一種植物都應在開花後修剪花莖，使植物持續開花。
- 考波羅茜草在枝條生長過盛而造成姿態淩亂時，要進行適度的修剪。

1 這個盆缽的孔在側面，應將防蟲網豎立使用。之後放入深度約為1/10的盆底石。

2 本次所使用的是淺盆，因此先將最大型的金露花「Violet」直接配植在盆底石上方。留意不要弄散根系，把整個根球連土一起種植在左後方。

3 加入用土以遮住金露花「Violet」植株1/3為原則，之後再把金露花「Takarazuka」種植在右斜前方，種植時留意根系不要弄散。

4 將紫扇花加入在盆缽中央偏右的位置，讓花朵溢出盆缽，看起來更飄逸。可在植株後方添加土壤調整角度。

5 將一株繁星花配植在盆缽中央，也就是在「Violet」以及紫扇花之間的位置。若是植株基部高度不夠，可添加土壤調整。

6 將另一株繁星花種植在「Takarazuka」的左斜後方，也就是「Violet」左前方的位置。並將花朵調整為向後方生長。

7 將考波羅茜草配植在紫扇花的後方，在盆缽右側的空間以平鋪的方式種植。較長的枝條可交錯到紫扇花上，從盆缽側面懸垂。

8 在植株之間，以及大開口盆缽的盆緣和植物之間添加充足的土壤，使植株能更穩定。最後大量澆水即完成。

盆花配置

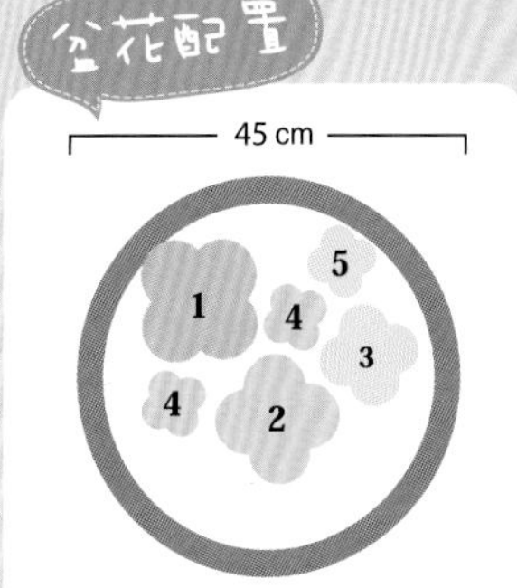

1.金露花「Violet」 4.繁星花
2.金露花「Takarazuka」 5.考波羅茜草
3.紫扇花

以合植盆花重現遍布原野的草花美姿，細細品味自然大地的風情！

草花風情楚楚動人

白頭翁・紫佛甲草・油點草・胡枝子・龍膽草・蔓性菫菜

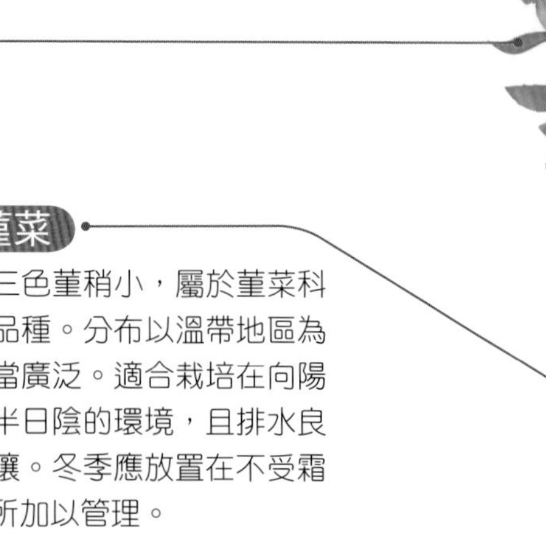

油點草

原產於臺灣、韓國、日本等地的百合科宿根草本植物。適合種植在富含腐植質且排水良好的土壤中，除了盛夏季節之外，皆應在向陽環境下加以管理。

紫佛甲草

分布區域從北半球的溫帶到亞熱帶地區，屬於佛甲草類的多肉植物。只要將莖部剪下插入土中就可以繁殖，性質強健。選擇日照良好且稍微乾燥的場所種植。

蔓性菫菜

花朵較三色菫稍小，屬於菫菜科的蔓性品種。分布以溫帶地區為主，相當廣泛。適合栽培在向陽到明亮半日陰的環境，且排水良好的土壤。冬季應放置在不受霜害的場所加以管理。

花器

緬甸製的素燒盆缽，側面有四處握把。質地厚實，在調整土壤溼度上有相當良好的功效。

原產於中國及臺灣的毛茛科宿根草本類，性質強健且容易栽培。選擇明亮的半日陰環境，並在種植前將大量堆肥或腐葉土加入土壤中。這裡選用白色重瓣花以及紫花兩個品種。

胡枝子

原產於中國、日本、韓國等地的豆科落葉灌木。只要在土壤中加入充足堆肥，不論在向陽或半日陰環境下都能生長。這裡使用紫花鑲白邊，以及紫花兩個品種。

龍膽草

分布在全球的溫帶、寒帶、熱帶等山區，屬於龍膽科的一、二年生草本或宿根草本植物。在埃及等地是作為藥材的植物。栽培管理時應選擇排水良好且向陽的環境。

這是一盆充滿自然氣氛，讓人感到四季流轉更迭的合植盆花。風情萬種的白頭翁和油點草、帶著柔美動感的胡枝子，搭配著充滿野花楚楚動人魅力的蔓性菫菜。使用外型細長且造型簡單的素燒盆缽，呈現洗鍊成熟的風味。

how to make

準備工作

植栽要點

這盆盆花適合以種植山林野草類的培養土栽培，使用赤玉土4：腐葉土4：日向土(小顆粒的輕石) 2的比例混合即可。排水性良好的土壤加入顆粒不容易鬆散的日向土，更加強耐長期栽培的功效。此外，此合植每天應大量澆水，直到從盆底流出多餘水分為止，切忌使土壤乾燥。

綠手指不可不知

白頭翁在日本的別名

白頭翁又被稱為「秋明菊」，但並不屬於菊科植物，另外還有「貴船菊」的別名。不過這個名稱實為僅指自生於日本京都的船貴山的特定種類而言，但目前竟被用來作為秋明菊的總稱，其實是錯誤的。

check point

- 整體的花期以龍膽草為主，開花期間應勤加摘除開過的殘花。
- 只要一個半月施加一次顆粒緩效性肥料當作追肥即可。
- 休眠期間應減少澆水。此外，在隔年3月左右，將變硬的根球從盆缽挖出，用剪刀將帶有土壤的根球修剪小一些，並在盆缽中更換新的盆底石及周圍的培養土，再施放基肥，重新種植。

1 先在盆底鋪上防蟲網。由於這次使用較高的盆缽，需要從盆底加入8公分左右的盆底石。

2 放入盆缽一半深度的培養土。在土壤表面撒滿緩效性園藝肥料，再用手指輕壓，使肥料充分融入土壤。

3 先將一株白色重瓣花品種、株高較高且根球較大的白頭翁種在盆缽後方，中央左側則種植紫花品種，植入時稍微向外側傾斜。

4 在盆缽中加入3～4公分左右的培養土後，接著在紫花白頭翁的右斜前方種植紫佛甲草，花朵朝左側傾斜。

5 將油點草加入紫佛甲草的斜側後方。油點草根系容易糾結，應先將根球修整成小一號之後再種植。

6 將2株胡枝子在修整根球之後種植。花朵鑲白邊的一株種植在盆缽左側，斜右方則種植紫花品種。

7 將龍膽草配植在紫佛甲草的右側。種植時稍微朝右傾斜，和盆缽的串聯線條將顯得更流暢。

8 最後將蔓性堇菜種植在正面，讓藤蔓下垂溢出盆缽。配植完成後在植株空隙填補充足的土壤，澆水至多餘水分從盆底孔流出為止。

盆花配置

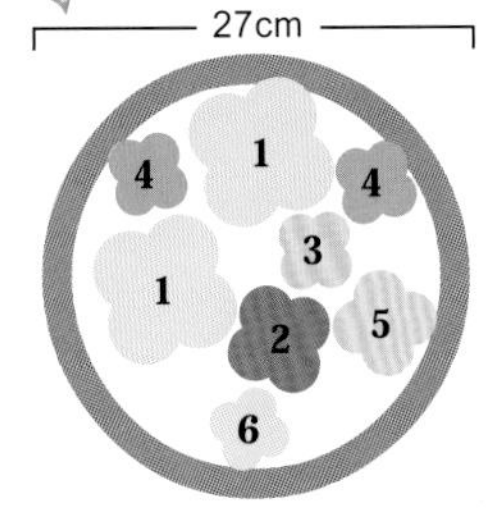

1.白頭翁　　4.胡枝子
2.紫佛甲草　5.龍膽草
3.油點草　　6.蔓性堇菜

眾多小花在鬱金香四周交相爭豔，形成美麗脫俗的景象。

優雅的歐洲風情

鬱金香・雪花・紫羅蘭・報春花・西洋櫻草・香雪球・三色堇・常春藤

雪花

石蒜科球根植物，分為秋季、春季開花2種。主要特徵為花瓣端緣為綠色，葉形似水仙，懸垂狀花朵與鈴蘭相似。喜好排水良好的土壤。

紫羅蘭

十字花科一年生草本植物，花味香甜吸引人。株形低矮，花頂生成串的品種適合盆植或合植，須以排水良好的土壤栽培。

香雪球

株高10～15公分的十字花科一年生草本植物。分枝性強，小花密布樹梢。若是露地種植，成株每年會萌發新芽，開花數百朵。須種植在日照充足、排水良好的場所。

常春藤

五加科常綠蔓性植物，碰觸地面、壁面的莖節能生氣根，因此常作為花圃地被植物與綠籬之用。生性極為強健，在任何環境下皆能生長。

方形素燒盆

義大利進口的長方形的陶土盆缽。寬大的盆緣與自然的曲線，可充分襯托出植物的美感。素燒花器具有優良的通氣性及排水性，非常適合當作組合盆栽。

鬱金香

極受歡迎的百合科球根植物。不論是花形、花色、株高皆富變化。適合種植於排水良好的向陽土中。

報春花

產自中國雲南、四川省，屬多年生草本植物，19世紀末引進歐洲後才開始進行品種改良。分枝性強，小花著生於筆直伸展的花莖頂端。須種植在日照充足的場所。

三色堇

堇菜科一年生草本植物，在全世界400多種的堇菜屬當中，英國自古栽培至今的「tricolor」所改良的雜交種，便是現今所看到的園藝品種。喜好排水良好的向陽土。

西洋櫻草

報春花科多年生草本植物。其中以報春屬的園藝品種西洋櫻草與產自高加索地區的品種所雜交改良的小型種最適合合植。須放置日照充足的場所管理。

樹皮

園藝店等處所販賣的裝飾用樹皮。質地輕盈、自然，是覆蓋球根或土表的方便材料。

以淡紅色鬱金香為女主角，四周聚集風情萬種的雪花與自盆器匍匐而出的常春藤，藉由不同層次的粉紅色系組合，外加白色適時的點綴，便可營造出柔美的感覺。即使球根花卉花期結束，其他花卉依然繼續綻放，是一盆可供長期觀賞的盆栽。

how to make

準備工作

植栽要點

球根植物喜好排水良好的土壤，合植的植物盆栽須有相同特質。另外，球根植物土壤中無養分便無法生長。因此以花草用培養土4：小顆粒赤玉土4.5：腐葉土1：蛭石0.5的比例混合，外加緩效性肥料的土壤。大盆器的盆底石可使用質地輕盈的介質，亦可用細小的發泡煉石取代。

綠手指不可不知

穆斯林頭巾與鬱金香的關係

鬱金香(tulip)的拉丁名似乎是從阿拉伯語turban演變而來。相傳在16世紀中期，前往奧圖曼帝國的歐洲使臣問當地人頭巾上的花飾名稱，對方卻會錯意回答「turban」(穆斯林頭巾)，鬱金香便以turban這個花名傳入了歐洲。

check point

- 西洋櫻草、三色堇、雪花忌乾燥，土表乾燥時須充分澆水，要時時以手指觸摸加以確定。
- 鬱金香、雪花在花謝後，依然要每月置肥一次。只要勤於摘除花梗與傷葉，便可延長花開時間。

1 首先在盆底鋪上防蟲網，接著在底部鋪上1/5高的盆底石，再鋪上等量的土壤，盡可能減輕重量。

2 將主角鬱金香球根上的土壤清乾淨後，植入正中央偏後方。鬱金香的株基須距離盆緣下方3公分，以此基準調整位置與土壤量。

3 清除雪花的根部土壤，將複數球根一分為二，不可傷及根部。接著將分開的2株雪花分別植入鬱金香左右兩側。

4 配合植物株基的高度補土，將紫羅蘭植入左側雪花前方，將報春花植入右側雪花右前方。若植株根部糾結須先鬆開。

5 配合株基的高度補土後，先摘除受傷底葉並切除老根，將三色堇植入報春花左前方。

6 分別在鬱金香前植入1株香雪球，紫羅蘭前植入常春藤。香雪球須盡可能布滿盆緣，並讓常春藤的蔓莖垂懸於盆器前方。

7 盆器左後方補土後，植入一株西洋櫻草，左前方植入另一株香雪球。最後，在盆器右前方再植入另一株西洋櫻草。

8 分別調整位置，將株間補滿土，最後用樹皮覆蓋土壤與球根裸露的部分，充分澆水。

盆花配置

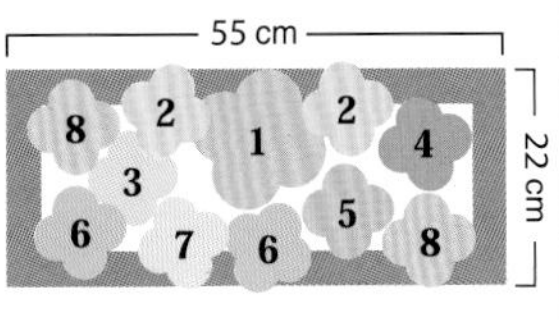

1.鬱金香　5.三色堇
2.雪花　6.香雪球
3.紫羅蘭　7.常春藤
4.報春花　8.西洋櫻草

創意合植輕鬆玩

Briskness & Naturally

Part 5

清新自然風

氣味芬芳、清爽宜人的香草，令人不自禁陶然沉醉。

怡人香草淨化心靈

金蓮花・薰衣草・天竺葵・義大利芹・馬郁蘭

金蓮花

金蓮花科一年生草本植物。外觀華麗，又稱為基礎蓮花，橘色和黃色的花卉，含有豐富的維它命C和礦物質，水芹般的味道，亦可運用於料理上。種子帶有辣味，可作為辛香料使用。

義大利芹

含有豐富維他命A、C，以及鐵質的繖形科二年生草本植物。除了廣泛用於料理外，也被作為促進血液循環的香草浴來使用。盡早摘除花芽，即可加速新葉生長。

盆器

帶有清潔感的淡灰色陶器，很適合種植兼具食用與觀賞特性的香草。亦可使用通氣性佳的長型器皿。但是長期栽培時，將導致生苔，應多加留意。

薰衣草

優雅的銀色葉瓣，筆直的莖枝，紫色的花朵，整株皆散發香味，屬於常綠小型品種，是大家熟悉的香草植物。除薰衣草茶有紓壓效果，還可作為香草浴、防蟲、除臭等，用途廣泛。

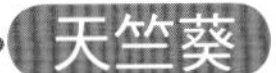

有薄荷、蘋果、檸檬、杏仁等多種香味的牻牛兒苗科香草，常被利用在花束、香包、香草浴等方面。花葉含有紓壓成分。

馬郁蘭

唇形科多年生草本植物，小小的葉子垂於枝幹下方，有裝飾花盆邊緣的效果。花葉有促進消化的功效，除了用在沙拉、湯品、肉類料理襯味外，根部與葉部的黃色部分，常作為橄欖綠的染料。

這是一盆以金黃明豔的金蓮花搭配薰衣草、玫瑰、天竺葵的淡幽清香，加上新鮮多汁的義大利芹與馬郁蘭，組成一盆匯集大自然恩惠的迷你香草園，同時也是一盆多用途的合植盆栽。

how to make

準備工作

植栽要點

赤玉土或人工砂礫無菌土及腐葉土，以6：3的比例或砂質土和珍珠土以1：1的比例混合後，做成排水良好的培育土。種植於庭園時，使用苦土石灰或消石灰，將土質調整成香草喜歡的弱鹼性。基肥或追肥以不傷根部，含有木醋、氮、磷酸等的緩效性化學肥料或含有雞糞等多骨粉的有機肥料為佳。如使用市售的「蔬菜用土」和「香草用土」，由於已加入必須肥料了，可不用另外施加基肥。

綠手指不可不知

香草的歷史 源自遙遠的神話

香草的英名為「herb」，源自拉丁語herba，意指綠色草本植物。從古至今即被人們廣泛利用。例如薰衣草在拉丁文中，為「洗滌」意思。羅馬時代，被用在洗滌衣物時添加香味的用途。另外，天竺葵的學名，意指「海上精靈」，象徵誕生自海上的美麗女神維娜斯，被製成永保年輕的化妝水來使用。

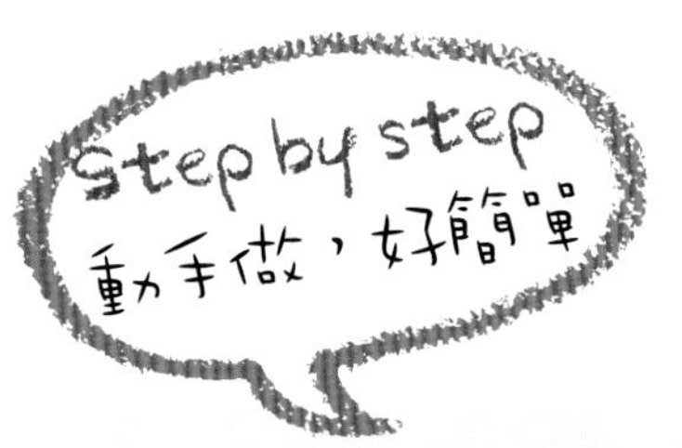

check point

- 這些植物雖耐暑但不適合高溫多溼的地方，夏季應定期修剪，冬季應摘除枯莖。
- 為顧及食用香草的樂趣，因此發生蟲害時，要避免使用藥劑，盡量以沖洗葉面的方式予以驅除。

1 防蟲網鋪於盆底，鋪上2～3公分高的底石，確保排水良好。放入3～4公分的培育土後，加入緩效性化學肥料攪拌混合。

2 從最高的薰衣草開始著手，放在盆缽的最內側。以淡紫色的花和銀白色的葉子作為盆栽背景，沿著盆緣著手栽種。

3 於薰衣草左前方，植入橘色金蓮花。花瓣和葉子的正面盡量面朝前方。

4 於薰衣草右前方種入一株橘色金蓮花，盆缽邊緣也植入一株黃色金蓮花，2株中間保持一點距離為宜。

5 中央種入天竺葵。因為生長後苗株亦隨之增高，因此盡量避免種在盆缽前方，並且以些許土壤壓住株基。

6 正前方黃色和橘色金蓮花的交會處，植入義大利芹。為了促進根部發育與挖掘方便，以種在便於摘取的位置為宜。

7 黃色金蓮花間的縫隙內，植入馬郁蘭。植入時保持葉子的下垂感，營造出半遮掩盆缽的感覺。

8 株基以填入土壤，並稍微予以填壓。馬上澆水容易造成根部腐爛，因此要等到土壤表面乾燥後的第二天，再澆灌適量的水分。

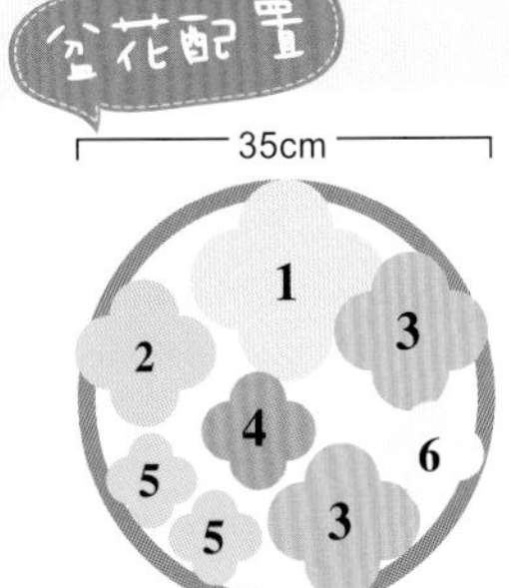

1.薰衣草　4.天竺葵
2.橘色金蓮花　5.義大利芹
3.黃色金蓮花　6.馬郁蘭

從入春時分就洋溢盛開的三色菫與菫菜，深淺不同的紫色打造多層次的自然盆花。

夢幻紫的春之約

三色菫・菫菜・銀葉菊

三色菫

耐寒性強，冬季開始陸續開花，直到晚春都能欣賞到的菫菜科一年生植物。花色和花形大小種類繁多，花瓣呈現波浪褶邊，富有許多變化。花期從11～5月，期間相當長，所以不可中斷肥料的供應。

菫菜

和三色菫為同一種類的菫菜科耐寒性一年生植物。花形比三色菫小輪，特徵為花數較多。能同時耐高溫及低溫，生命力相當旺盛。和三色菫一樣都是能長期觀賞，種植時加入基肥，另外施加液態肥料當作追肥。

花器

手製的素燒花盆。比起塑膠花盆有更優良的通氣性。雖然形狀上不用太講究，但如果在深度過深的花器中種植株高較矮的草花，整體看起來變得不搭調。因此需考量種植植物的生長狀況加以選擇。

銀葉菊

菊科菊屬的耐寒多年生植物。纖細蕾絲狀且長滿細毛的銀白色葉片，比花朵還具有觀賞價值。雖然生長緩慢，但第2年起株高開始抽高，因此必須修剪勿使姿態凌亂。

常春藤

五加科常春藤屬的常綠蔓性植物，全年綠葉，不管在向陽或遮蔭場所都能長得很好。其中西洋常春藤有上百個品種，並廣泛運用在盆栽以及廣場收邊植物方面。

這裡刻意以同色系的紫色來構成深淺層次，在綠色與紫色搭配增加明亮度的考量下，使用具有纖細銀葉的美麗銀葉菊。為了呈現自然風味，盡可能加入各種深淺色調，並搭配花瓣不同大小的各個品種，組合成一盆充滿純真風格且帶有透明感的盆花。

how to make

準備工作

植栽要點

這裡使用的是被稱為基本用土的赤玉土、腐葉土、蛭石，以6：3：1的比例混合而成，也可直接使用市售的培養土。自己調配用土時，最好能稍微放著發酵，一次大量調製放著使用起來比較方便。盆底石以鋪設盆缽深度的1/5左右為標準。也可以用輕石或大顆粒的赤玉土來代替盆底石。基肥方面，可以使用效果持久的緩效性肥料。

綠手指不可不知

三色堇與堇菜的二三事

三色堇(pansy)這個名稱，是因為花色構成的圖案，讓人聯想到人的臉孔，而從法文pensees(思想)而來的。在莎士比亞的《仲夏夜之夢》裡，描述一段情節，當三色堇的花瓣雨落在眼睛上，從睡夢中醒來看見的第一位異性，就是自己會愛上的對象。另一方面，堇菜(viola)在義大利文裡，就是「紫色、堇菜」的意思，學名與品種名相同，可說是堇菜科堇菜屬的代表性品種。

check point

- 三色堇和堇菜應將開過的小花在結果之前摘除。
- 冬季的肥料基肥就已足夠，氣候回暖之後，可以10天施放一次草花用液態肥料。
- 由於入春時期容易有葉蟎及蚜蟲，必須及早施放藥劑。

1 將防蟲網鋪在盆缽底孔上，之後加入盆底石，鋪設到約盆缽高度1/5處。

2 將調製好的培養土倒入盆缽7分滿。在上面輕輕添加一把緩效性肥料，將所有土壤和肥料均勻攪拌。

3 先將要合植的花苗連同塑膠盆排列，確認位置的均衡。如果花器為圓形，可在中央或是後方配置株高較高的植株。

4 將三色堇和堇菜的花苗從塑膠盆中取出種植到花器內。當作裝飾重點的銀葉菊，種植時應讓銀色的葉片中在綠葉中突顯出來。

5 完成植入三色堇和堇菜等花苗後，再把常春藤由兩側自然地填滿三色堇等花苗間的空隙，小心不要傷害到其他花苗。

6 從遠處確認整體是否達到均衡。常春藤的藤蔓垂吊在花器外側，帶有生氣蓬勃的動感。

7 慢慢的從根基部灌輸水分，直到盆缽底孔流出水為止。如果水勢過強會造成土壤流失。

8 將花器放置在通風且日照良好的場所。發現土壤表面乾燥時需充分澆水，而開完花後，應勤用剪刀將開過的小花從基部剪除。

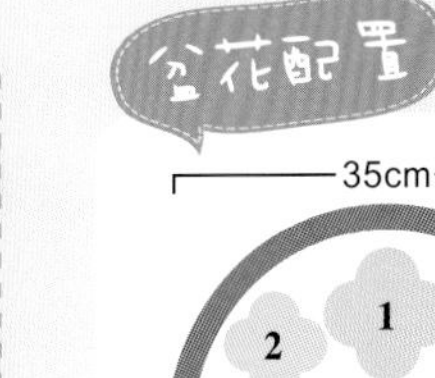

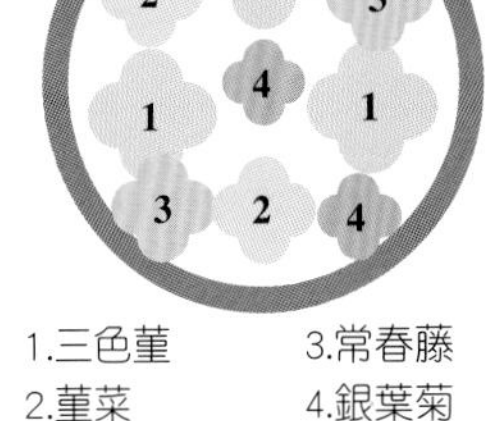

1.三色堇　3.常春藤
2.堇菜　4.銀葉菊

將烹調用的香草，做成香氣四溢、令人食指大動的組合。

陶醉在花果豐收的喜悅

草莓・金蓮花・鳳梨薄荷・香蜂草

鳳梨薄荷

唇形科薄荷屬多年生草本植物。外形最大特徵便是淡綠色圓形葉有絨毛，上有乳白色雜斑。極為耐寒，株高可達90公分左右，可長期採收，只要勤於摘芯，整枝可長保飽滿的株形。7月下旬左右，花開後修剪至距離株基15公分處，可促使新芽生長，秋季前便會再度生長茂密。

香蜂草

唇形科多年生草本植物，具鮮綠而富光澤的卵形葉，高可達1公尺左右。梅雨季必須依序採收讓株間保持良好的通風。7月左右淡黃色管狀花盛開後，必須修剪莖部至株基10公分處。

素燒盆

透氣不易導熱，對夏季的強烈日照與冬季的嚴寒可發揮極大的保護效果。重疊盆器時需要大量土壤支撐上半部，建議選用底面積大的淺盆。

金蓮花

金蓮花科一年生草本植物，莖部附近味道辛辣如同山葵，忌酷熱，喜好日照充足、排水良好的環境。具多花性，花期長，必須適度追肥，但必須控制氮肥量，以免營養過剩不開花。

草莓

薔薇科多年生草本植物，生長期達8個月，在幼苗成活的11月～1月與2月下旬～3月上旬間要加1～2次液肥，磷肥可提高收獲量。喜好冷涼氣候，忌夏季高溫與乾燥，水量不足時果實無法肥大。花開後可在上午用水彩筆擦拭花蕊進行人工授粉，若在昆蟲眾多的室外環境便可省略此手續。摘除老葉，花數過多時也可摘除，加強植株生長。

重疊大小不同的素燒盆，設計一盆外形飽滿的二段式合植盆栽吧！除了圖中所示範，使用形狀、大小皆不相同的盆栽外，組合造型相同，但大小不同的盆栽，同樣也充滿趣味感。常用於烹調的金蓮花、鳳梨薄荷、香蜂草等香草植物，只要稍微碰觸便會散發清香味，讓人陶醉，紅豔圓潤的草莓，讓人享受採摘的樂趣。

how to make

準備工作

植栽要點

現成土會有土壤成分與混合比例不清楚的狀況，為了準備最佳土壤，若發覺培養土重量較輕，植入時植物根部有上浮現象，可混入赤玉土、黑土以利排水。相反地，若土壤沉重則添加蛭石、珍珠石以利透氣。因果實沉重而下垂的草莓必須種植於盆緣，所以要多放些培養土。

綠手指不可不知

草莓的真正盛產季

草莓一名是源自根基部鋪麥稈(straw)而來。一年四季皆可看見的草莓，隨著栽培普及與聖誕節的大量需求，使草莓在原本的盛產季3～6月反而不多見(臺灣為2～4月)。市面上越來越少見的天然草莓，若能以盆植的方式栽培，便可以嚐到香味濃郁、口感極佳的天然珍品，在綠葉中若隱若現的可愛小白花也可供人觀賞。

check point

- 草莓若要結果，必須借助昆蟲的力量或以毛刷進行人工授粉。
- 草莓在日夜溫差大，同時能夠全面接受日照的環境下，果實色澤會鮮紅飽滿，放置屋外最為恰當。
- 鳳梨薄荷、香蜂草自5月開始便會急速生長，但葉片過密會產生病蟲害，必須適當摘葉。

1 首先製作大盆器。先在盆底鋪上適當大小的防蟲網，接著鋪上占盆器高度1/5的盆底石。

2 考量草莓的植株深度後，將調配妥當的培養土倒入1/5。若不是使用市售培養土，必須添加緩效性肥料，充分攪拌混合。

3 在植入植物前，先將準備合植的植物連同塑膠缽整個放入盆內勘查深度，以免阻礙花芽生長與結果。

4 將準備放置小盆器的中央位置空出，植入草莓，植株間的縫隙與中心部位必須補滿土。

5 小盆器也同樣先在底部鋪防蟲網與盆底石。接著用雙手緊抓盆緣將小盆器左右旋轉壓入大盆器內加以固定。

6 將金蓮花植入小盆器的中央部位。金蓮花露出土表的莖部極為脆弱，植入時必須小心。可用手輕壓土壤支撐莖基部。

7 將3株鳳梨薄荷分別植入金蓮花後方與左右兩側。讓鳳梨薄荷呈放射狀向外伸展，葉片會隨著生長垂懸於盆外。

8 最後在正面植入香蜂草。植物的株間以培養土補滿固定，最後充分澆水，直到水自盆底流出為止。

盆花配置

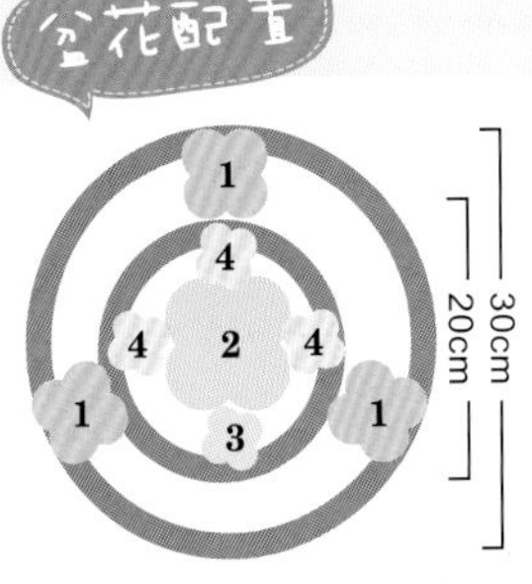

1.草莓
2.金蓮花
3.香蜂草
4.鳳梨薄荷

將輝映陽光的花朵聚集在花籃中，引領觀賞者進入牧歌悠揚的世界。

花香蝶舞綠蔭間

飛燕草・百合水仙・荷包花・花菸草・橘木

花菸草

茄科菸草屬植物，原產於南美洲，又稱為Nicotiana。這種品種在以前是必須申請專賣許可的農家才能栽培。這裡使用開花植株，並選擇紅、黃各1株。

荷包花

原產於智利的玄參科植物。由於其特殊的袋狀花形，又有「巾著草」、「拖鞋草」等有趣的別名。這裡使用的是綻放小花的皺葉荷包花系的品種，非常喜愛良好通風及日照。

花器

將棄置不用的竹籃當成外盆，籃中放置一只素燒深盆。使用年代久遠的籃子作為庭園的配角，能散發出另類的風味。

百合水仙

原產於南美，屬於百合科的球根植物，另有「印加野百合」的別名。適合栽培於富含有機質及排水良好的土壤，以及日照和通風條件優良的場所。具有夏季迎接休眠期的性質，若從球根階段開始栽培，則在9、10月時種植到深盆中。

飛燕草

毛茛科，原產於歐洲及北美。在高溫多溼的環境很難長到隔年，因此幾乎都被當作一年生草本植物栽培。這裡使用的選擇橙色小花保持間隔綻放的植株。適合向陽或半日陰場所。

橘木

茄科Streptosolen屬，是原產於哥倫比亞及祕魯的常綠種類。其名稱中的marmalade(橘子醬)即是從花色聯想而來，另外亦有開黃花的品種。在稍微乾燥的土壤中長得最好，應選擇排水良好的土壤栽培。喜溫暖向陽環境，不喜強烈的直射日光。臺灣少見，可使用袋鼠花、鯨魚花來代替合植。

使用年代久遠的竹籃，散發出懷舊的風味。利用風格相襯的各種清新的小花，製作成合植盆花。主色調為橙色，用來代表燦爛的陽光。而輔助的黃色，則展現向陽的溫暖以及清新的山林氣氛。

how to make

植栽要點

這裡使用的植物大多都喜愛偏酸性的土壤，因此調製的重點就是以腐葉土為基本用土。使用等量的泥炭苔、泥炭椰子殼、腐葉土與赤玉土混合之後，各加入少量的堆肥、黏土球、以及緩效性的顆粒狀肥料。由於這盆盆花分量相當大，最好準備較多的用土且含豐富的有機質，並加入排水性較高的介質。

綠手指不可不知

籃子的使用方法必須注意水分

用籃子來當作花器時，除了在籃中放入盆缽外，也可以直接種植。直接種植時先在籃子內側鋪上兩層塑膠垃圾袋，以防止漏水，接著須在底層土壤加入矽酸白土作為根部的防腐劑，即可種植。不過這種方法較適合室內管理，若想在室外用籃子栽培，則僅限於短期使用。

Step by step 動手做，好簡單

check point

- 百合水仙開完花之後，應及早摘除殘花並施放追肥，為球根補充足夠的養分。飛燕草應在開花之後將主要花莖剪短，即可從側面長出小花莖，再次開花。
- 由於使用許多株高較高的植物，特別留意勿受強風吹襲。

1 將盆缽放入籃中，盆底鋪上防蟲網，接著放入4公分左右深的輕石當作底土。底土用量為盆高的10～15%。

2 配合根球最大的飛燕草，調整土壤分量到適當深度，之後在土壤上方撒下緩效性的顆粒狀肥料，並用手掌輕壓。

3 一開始先將飛燕草種植在盆缽的右後方。種植時確認莖部稍往橫向延伸，以免稍後前方種植植物後擋住飛燕草花朵。

4 接著加入株高次高的百合水仙，配置在盆缽中央偏右的位置。若植株已開花，則不可傷到花朵。

5 將2株花菸草以稍稍傾斜的方式種植在偏後側，插入時並注意與百合水仙之間的距離。原則上整體高度為花器高度的2倍時，呈現最佳的均衡狀態。

6 接著植入橘木。此時若能稍將根球鬆開，會變得較容易種植。在正面配植一株，另一株則種在左側。

7 將一株荷包花種在橘木之間，另一株則種在後方。修飾時應補足土壤，並注意不可以留下空隙。

8 最後澆水時注意不可讓水直接灑在葉片上。若澆水時發現土壤有下沉的現象，應該繼續補充土壤，再重新澆水。

盆花配置

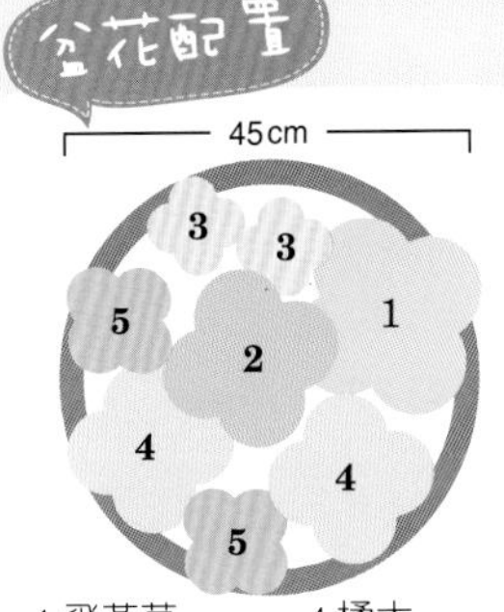

1.飛燕草
2.百合水仙
3.花菸草
4.橘木
5.荷包花

翠綠的葉影倒映在玻璃淺盆上，創造出一盆悠然愜意的合植盆栽。

清新透明的湖畔剪影

玉簪花・球根秋海棠・蕨蘈・沿階草・蘆竹・觀音草・卷柏

蘆竹

與蘆葦同科，生於亞熱帶的禾木科多年生草本植物。生性強健好種植，主要作為庭園等水邊植栽。若順利生長，高度可高達2公尺。

觀音草

原產於日本的常綠多年生草本植物。喜好陰涼、溼度高的土壤。葉自匍匐地面的根莖部分伸展而出，常作為地被植物。

玉簪花

百合科多年生草本植物。在陰涼環境中依然能夠生長，夏季開出美麗的花朵，但主要還是作為觀葉植物栽培。此處使用綠灰色的小型種。少量施肥為栽培的要訣。

卷柏

原產於日本，卷柏科的常綠多年生草本植物，苔蘚狀的羊齒類植物之一。經常作為山野植物的合植材料，或覆蓋於植物的株基表面。十分耐陰但較不耐寒，必須保持溼度。

玻璃淺盤

這次以玻璃淺盤作為合植盆器。由於盤內盛水、種植植物而增加載重量，所以必須使用強化玻璃的材質，放置在花架上，更可襯托出清涼感。

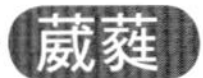

分布在中國、日本與朝鮮等地區的百合科多年生草本植物。鑲斑橢圓形葉可供觀賞而受到栽培，可作為庭院的地被植物或矮草。

沿階草(2種)

常作為庭院矮草的百合科多年生草本植物。叢生，葉片類似蘭花。性強健，種植在半日陰處或陰涼處管理。可用分株法繁殖。

球根秋海棠

秋海棠科多年生草本植物。好明亮的半日陰環境，忌乾燥與強烈日光。花期長，7～8月開粉紅色花朵。必須勤摘花梗，以防黴菌與疾病侵襲。

這是一盆溼地景觀合植盆栽。水邊植物具有的清涼感，在玻璃盤的襯托下顯得十分耀眼。盆栽以翠綠色、葉緣白條紋的明亮葉片為主，再以柔和的淡粉色與橙色花卉做襯花。完成的盆栽展現出宛在水邊的清透景致。

how to make

準備工作

植栽要點

這盆合植盆栽必須在盤中裝水栽培，所以植物的根部以水苔包裹，固定在能夠充分吸水的海綿上。化土土廣泛用於盆栽中，保水、保肥功能佳，黏著性極強，作為海綿與植物間的固定劑。而株基周圍所鋪陳的上釉石礫不僅美觀，還可預防植株傾倒。定植後過一段時間，盆中植物的根部便會糾纏伸展，而成為穩固的株形。

綠手指不可不知

水畔風情再現的合植盆栽

只要在容器內裝水，再擺上以水苔包裹植物根部的植栽，便是一盆如同實際溼地縮影的迷你水邊景觀。像是喜好潮溼的水芭蕉、黃金葛、白鶴芋等天南星科植物，與生長於水邊、溼地的玉簪花、菖蒲、蝴蝶花等花卉，以及適合水耕栽培的水芹、水田芥、鴨兒芹等蔬菜都適合合植。

Step by step 動手做，好簡單

check point

- 宜放置室內明亮場所或戶外半日陰處，若放置日光直射的向陽處，會出現藻類加速水質污染。
- 若水盆髒污，可以取出植株將石礫倒入竹籠中比照洗米方式清洗乾淨。每月在株基處加一次液肥即可。
- 花謝後必須加以修剪，冬季期間放置室內溫暖場所。球根秋海棠會在冬季休眠，翌春再萌發新芽。

1 除了卷柏以外，其他植物都需要用小釘耙將根部泥土清乾淨。但不用太仔細，以免破壞細小毛根。

2 以手掌大的水苔一一包裹所有植物的根部。先以薄薄的水苔圍住根部周圍將根基部完全包裹住，再綁上橡皮圈固定。

3 將沿階草(1株)、玉簪花、球根秋海棠、葳蕤用橡皮圈綁在一起，再將剩下的植物也全部綁在一起，然後將2組植物再用橡皮圈綁在一起。

4 將半片海綿對切，取出其中1/4片去四角做基臺，再將綁好的植物壓在上面使其直立。

5 以化土土黏性土作為接合劑加以固定。先用指尖將一把化土土塞入海綿與植株接觸面的周圍，由上而下仔細塞滿。

6 如圖所示以麻繩輕輕將植物與基臺密綁在一起，並依縱橫的順序一圈圈裹起來。接著再裹上水苔，用麻繩紮好。

7 表面裹好水苔後，再包上卷柏做裝飾。卷柏可輕易自盆栽表面剝下。剝下後比照包裹水苔的方式，布滿株基表面再以麻繩綁好固定住。

8 放入玻璃淺盆中。將根腐防止劑混合少量上釉石礫鋪在植物四周，以免植株傾倒水盆中。最後緩緩灌水進入即可。

盆花配置

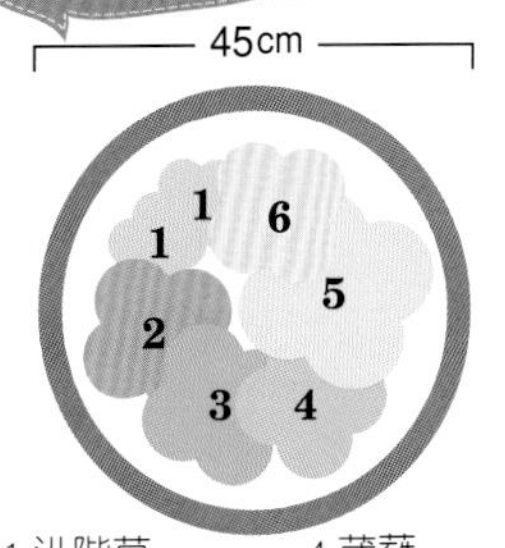

1.沿階草	4.葳蕤
2.玉簪花	5.蘆竹
3.球根秋海棠	6.觀音草

※卷柏布滿株基部位。

將小小的自然景觀帶入室內，完成美麗綠草所營造的歐式集錦盆栽吧！

層層綠意宛如精靈居所

秋海棠・網紋草・白紋草・薜荔・鳳尾蕨

白紋草

南非原生的百合科植物。具有光澤的葉片密生，長約20公分。此種類並不會長出走莖。深綠色具有將整體連成一氣的效果，相當適合合植。

網紋草

爵床科的常綠多年草，原產地是安地斯山脈的多溼森林地。特徵在於明顯的網狀葉脈。適合高溫多溼的環境，極不耐寒冷，冬季時會進入半休眠狀態。

秋海棠

此處所使用的是一種稱為「sutherlandii」的球根秋海棠。此類型的株高是50公分以下的小型種，長長的莖部會下垂，即使只有一株也會成長到布滿整個盆器，花型美麗，從夏到秋都開花。

盆器

這次使用的是塑膠製的盆器。由於要種植不會顯得凌亂的球根秋海棠，建議選擇高度7公分以上的盆器使用。

鳳尾蕨

鳳尾蕨為鳳尾蕨科植物。園藝品種包含有從日本傳到歐洲的白玉鳳尾蕨與斑葉鳳尾蕨。特徵在於葉子生長的樣子如同鳥腳一般。

科茲窩石

此乃英國科茲窩（Cotswolds）地方的自然石頭。在乾燥的狀態下呈現出淡淡的咖啡色，弄溼後會變成像蜂蜜一般的顏色。一般的園藝店都可以買到。

薜荔

桑科常綠爬藤性植物。園藝品種中，有分成帶斑紋與沒有斑紋兩種，在合植盆栽添增綠意的使用上相當受歡迎。

此款歐式集錦盆栽，以惹人憐愛的秋海棠為中心，輔以各具特色的小型植物合植而成。使用小型容器的合植，建議配置時需考量整體的構圖，尤其在草高與葉色的搭配上，更需要多花點心思。此外，添加上小石或木材等自然元素，更可營造出自然景觀。如沿著容器邊緣擺些科茲窩石(cotswolds stone)可製造出意想不到的趣味。利用綠色植物與石頭用心搭配，將可營造出神祕氣氛感，彷彿小精靈居住的森林一般。

how to make

準備工作

植栽要點

此次合植選用的器具是沒有盆底穴的淺盆狀容器，底部先鋪上一層防腐效果極佳的珪酸白土，盆栽土只要有珪酸白土的兩倍即可。由於淺盆容器比較容易乾燥，土壤顆粒間要能夠保持水分。這邊所使用的是以小顆粒赤玉土2、吊盆植物盆栽土2、蛭石1的比例所混合的土壤。肥料只需要一般合植的1/3。

綠手指不可不知

風情萬種的秋海棠

秋海棠在世界上有1萬種以上的園藝品種，主要可分成木立性、根莖性、球根性三大種類。而木立性依照莖的性質，又可分成矢竹型、叢生型、多肉莖型、爬藤型。此外，還有葉片具觀賞價值的蝦蟆秋海棠，一年中都會開花的四季秋海棠。

Step by step 動手做，好簡單

check point

- 歐式集錦盆栽沒有盆穴，容易蓄積水分，最忌給予過多水分。即使夏天也只要3～4天澆一次水即可。待表面乾燥後，再以噴霧的方式補給整體水分。
- 薜荔、鳳尾蕨、網紋草的葉子相當柔軟也極易乾燥，要對葉片噴灑水分。
- 若耽心根部腐敗，亦可在盆底挖出排水用的小洞。

1 沒有盆穴的歐式集錦盆栽可用具有防腐效果的珪酸白土取代盆底石，扎實地覆蓋住底部所有地方。

2 放入與珪酸白土等量的培養土。若培養土放太多，在種進植物時，根部可能就會高出容器邊緣。

3 首先從高度較高的白紋草開始種植。將白紋草從原本的盆器中取出，留下一半的根。注意不要讓根部高過淺盆邊緣。

4 在白紋草的左右，分別種入網紋草、鳳尾蕨。適當地去除部分的根，讓高度能與白紋草配合，盡量種植在正中間。

5 接下來種植主角秋海棠。由於球根秋海棠的根部不宜去除，所以要小心地將土壤剝下以調節高度。另外盡量靠往前方，以產生枝條自然垂下的感覺。

6 薜荔與秋海棠一樣，將其朝向本身的生長方向，靠往容器邊緣，顯出往前攀爬的感覺。

7 在各株之間放入培養土。由於容器較淺，建議預留1公分的高度當作注水的空間。澆水時讓培養土表面全體都變溼為止，還可使土壤穩固。

8 沿著容器的周邊擺放裝飾用的科茲窩石，將石頭擺在各株的空隙或可以看到土壤的地方後，就大功告成了。

盆花配置

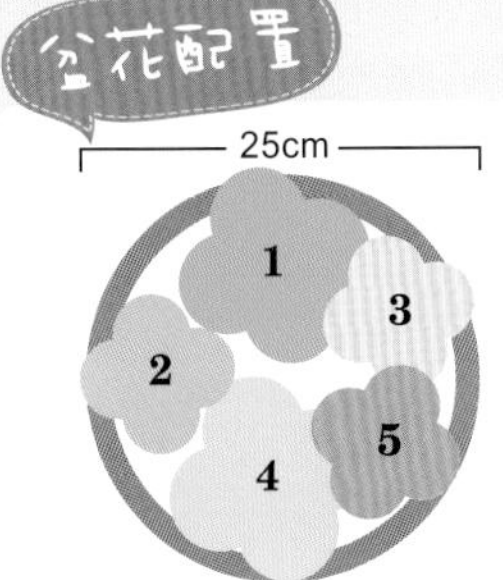

1.白紋草
2.網紋草
3.鳳尾蕨
4.秋海棠
5.薜荔

濃淡有致的藍色系花卉在茂綠中若隱若現，彷彿自陶壺湧出的草花姿態，充滿生命力。

野性的魔幻嘉年華

立鶴花・金露花・藍冠菊・紫扇花・海州常山・紫花茄・藍雪花・牽牛花

立鶴花

爵床科蔓性藤本植物，產自南非與亞洲亞熱帶，花色可分為白、黃、藍、紫，集中在冬、春兩季開花。

紫花茄

分布於熱帶到溫帶地區的茄科常綠蔓性藤本植物。初夏至秋季開青紫色或白色小花。必須種植在日照充足、土壤肥沃的環境，冬季移到有日照的明亮室內管理。

紫扇花

產自澳洲南部的草海桐科多年生植物，生性強健、不挑土質，但不耐寒。春至夏季開紫、白色扇狀小花，莖部長達70公分。

牽牛花

旋花科蔓性草本植物，必須在氣溫攝氏5度以上的向陽環境中栽培。夏季要放置在半日陰處，避免日光直射而燒焦。生長速度極快，須勤於修剪。

陶壺

乍看讓人聯想到古希臘壁畫上陶壺的白色壺狀花器，是自突尼斯進口的陶壺。亮眼的白陶壺最能襯托藍色花卉與綠葉。

海州常山2種

馬鞭草科落葉小喬木，好肥沃、排水良好的土壤。春至夏季放置戶外向陽處，秋季之後移到室內明亮的場所，維持攝氏10度以上的氣溫栽培。此處使用紫色與白色二個品種。

藍雪花

分布於中國、印度、熱帶非洲的藍雪科多年生植物。以排水良好的向陽土種植再適當施肥即可生長良好，每到秋季葉片會轉紅。

藍冠菊

菊科多年生植物，與同科的大薊極為類似，花期為6～11月。觸摸葉片會隱約散發出酷似青蘋果的香味，生性不耐寒，冬季須放置室內或玻璃花房中管理。

金露花

馬鞭花科常綠灌木，生性不耐寒，喜好肥沃土壤。春至秋初須放置戶外向陽處，冬季移至日照充足的窗口管理。生長速度極快，須定期強剪。

這是一盆以熱帶植物中的藍色花卉為主角所設計的合植盆栽。藍、紫藍、深藍、天藍等微妙的彩度變化交織成一幅充滿層次感的熱帶風情畫。盆栽中每種植物的花朵形狀皆十分奇特，有的像扇子，有的像蝴蝶，有的甚至宛如星星。增添若干白色花卉，可使藍色小花更為醒目。

how to make

植栽要點

此合植盆栽使用富含有機質的土壤為佳，保水功能也不能忽略，使用的培養土須等量混合赤玉土、腐葉土、泥炭苔與椰子殼炭，同時添加少許的緩效性複合肥、堆肥，外加少量提高保水效果的黏土石。腐葉土可促使植物所需的有機質加速分解，泥炭苔則是長時間緩慢分解，這兩種介質所產生的交互作用對熱帶植物最為有利。

綠手指不可不知

常年開花的熱帶花卉

熱帶地區的植物只要保持一定的溫度便會常年開花不斷，所以要盡量縮小冬季日夜溫差的差距。像是日照充足的窗邊白天氣溫上昇，晚間便驟降，此時可以外加套盆，或是將植物放在有暖氣的房內中央禦寒，最低溫度至少要保持在攝氏10度以上。

Step by step 動手做，好簡單

check point

- 春至秋季要放置日照充足的戶外管理，冬季則需要移到明亮的室內。
- 若出現葉色不佳、生長不良的徵兆時，便要控制給水，並可在置肥外添加液肥。
- 植物生長速度極快，須定期修剪。

1 鋪上防蟲網。這次所使用的深盆須鋪二種盆底石，先鋪上10公分以上的大顆粒盆底石，接著再鋪上3公分左右的中顆粒盆底石。

2 接著鋪滿20公分高的培養土，表面稍微撒上緩效性粒狀複合肥料作為基肥，並用指尖撥勻。

3 將最高的立鶴花植入盆器正中央，接著將金露花植入左前方，讓金露花伸長的莖垂向右前方。

4 在立鶴花的右前方植入白色的海州常山，金露花的前方外側植入水藍色的藍雪花。藍雪花的根球較小，須先補滿土後再定植。

5 立鶴花左後方植入青紫色的海州常山，右後方分別植入藍色與白色的藍雪花。植入時小心將莖部錯開，避免枝葉糾纏在一起。

6 將藍冠菊植入盆器的最後方。種植前先將藍冠菊的土球稍微撥散，可以提高定植的成活率。

7 盆栽左側統一植入低矮的植物，讓花莖看起來像自盆緣湧出一般。首先將紫扇花植入左側最前方，後方再植入紫花茄。定植時盡量貼近盆緣內側。

8 最後在盆器正面植入牽牛花。讓牽牛花的莖部朝正面垂下，便可以使鮮綠的葉色更為醒目。然後將株間補滿土並充分澆水至盆底流出為止。

盆花配置

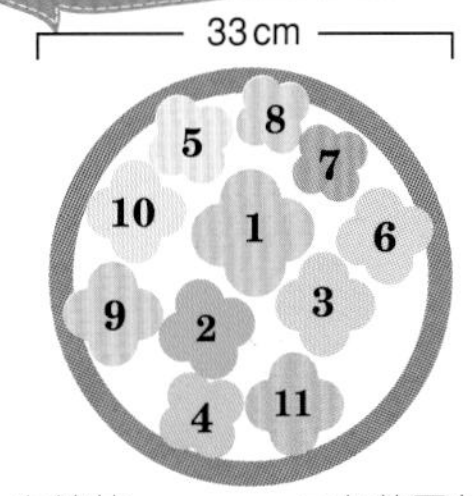

1.立鶴花
2.金露花
3.白海州常山
4.水藍藍雪花
5.青紫海州常山
6.藍色藍雪花
7.白藍雪花
8.藍冠菊
9.紫扇花
10.紫花茄
11.牽牛花

紅黃相間的葉子與花朵交織，隨著微風輕輕搖曳，充滿秋季風情。

洋溢秋天的山野風情

莧草・蔓茄・蕲艾・金雞菊

莧草

墨西哥到阿根廷約有200種分布，為莧科多年生草本植物，較不耐寒，莖部會匐匍或直立生長，很多品種都可以用插枝法簡單地繁殖，建議在陽光充足的地方管理。

蔓茄

蔓茄是茄科一年生草本植物，從熱帶到溫帶約有1400種分布。性喜排水良好與陽光充足的環境，這邊所使用的是開出白花，莖部會下垂的品種。

盆器

使用的是日本所出產，一面有嘴的燒製盆器。選擇能夠與植物搭配的深色盆器，將原本的平坦形狀滿滿地種入植物，營造出茂密的氣氛。

蘄艾

為菊科木本多年生植物，與艾蒿同屬一類。具有缺裂的銀色葉子上，散發出細微的清香。耐寒性佳，冬季時於分支的枝端上會長出菊科特有的淡黃色花朵。建議栽培在日照與排水皆佳的地方。

金雞菊

分布在南美、北美與夏威夷群島的菊科常綠多年生植物。性喜向陽以及排水良好的土壤，可以成長得非常高大。這邊所使用的是開出黃色花朵的大花金雞菊品種。

使用葉片細小且鮮豔的植物，以及色彩清淡的小花所搭配出的合植，與點描畫有異曲同工之妙。嬌豔的紅、閃亮的綠，再加上帶有光澤的銀葉，雖然搭配的顏色不少，但這些小型植物的合植，依然充滿柔和的情調，呈現出山野植物的樸素之美。

how to make

準備工作

植栽要點

大量使用熱帶植物的合植，適合使用以赤玉土7、腐葉土3的比例所混合的弱酸性土壤。赤玉土要使用顆粒明顯的，而腐葉土則選用充分熟成且沒有臭味的。此外，此種土壤也很適合拿來栽種其他植物，建議可以多混合一些備用。由於一旦水分不足葉子就會枯萎掉落，寒冬時待土壤表面乾燥後澆水，其他的季節則必須每日澆水。

綠手指不可不知

選擇加深印象的盆器

使用不同合植容器，會有意想不到的效果。像這次所使用的一面有嘴，具有獨特設計感的燒製盆器，將賦予常見品種的合植新鮮的感覺。而利用有缺角的盆器以藝術的感覺栽植，可完成個性獨特的作品。至於盆底穴，可以使用釘子小心的挖出來。

check point

- 初春時，可將所有的植株都剪短到剩一半的高度，或是將所有的植物從盆器中拔起，將環繞在根缽底部或周圍的根去除，以防根部生長空間不足。
- 回種時在盆底補充新的土壤與肥料後放入根缽，並在各株周圍的細縫間填入土壤，以筷子等東西整平。

1 將防蟲網鋪在盆器底部後，放入2公分厚的盆底石，接下來放入5公分厚的培養土。用手輕輕混合緩效性化學肥料。

2 將匐匍性的紅莧(A)種植在注水口朝向左邊的盆器正面，使其垂下的莖有如流出盆器前方一般。

3 在紅莧的左側種上蔓茄。讓蔓茄的莖沿著紅莧的莖，賦予鮮活的動作。

4 將帶有白色斑紋的莧草(B)種在莧草(A)的右側，再將紅色葉子往側邊生長的莧草(C)種在蔓茄之後，並在右邊種一株蘄艾。

5 接下來，用剪刀將金雞菊的根缽連同土壤剪小一圈，在盆器後方以及蘄艾的右側各種植一株並補上土壤。

6 將另一株蘄艾種在中央蘄艾的後方。與往盆器前方攀爬的莖部相對，提高合植盆栽後方的高度。

7 將株高較低且帶有斑紋的莧草(D)種植在盆器後方的蘄艾左側，紅莧(E)種在靠近中央的蘄艾右側，調整整體的均衡性。

8 最後使用盛土器在各株之間補上土壤，並在根部給予充足的水分並隨時添加土壤調整。

盆花配置

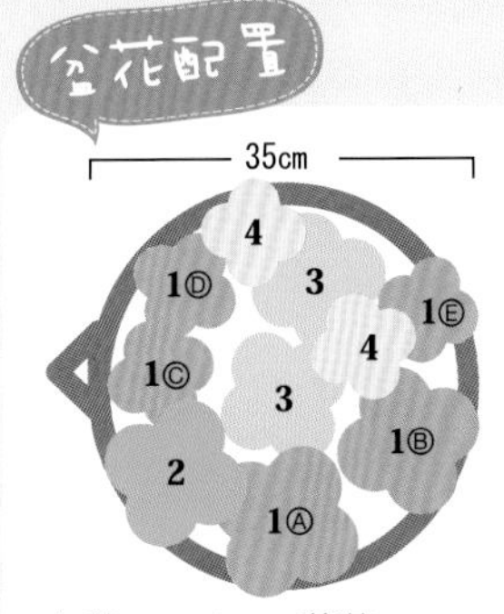

1.紅莧(A～E)　3.蘄艾
2.蔓茄　4.金雞菊

淡淡清香與柔和的花朵色調，讓人聯想到陽光普照的花田。

花香輕拂的原野花田

玫瑰・薰衣草・蓬蒿菊・白頭翁・三葉草・珊瑚鐘

薰衣草

廣受大眾喜愛的代表性香草。薰衣草是地中海沿岸原產的唇形科常綠灌木，自古羅馬時代就已經很常被利用。這裡所使用的是較耐熱與耐寒的法國薰衣草。性喜日照充足與排水良好的場所。

蓬蒿菊

蓬蒿菊是原產於加納利群島的菊科多年生草本植物。成長之後莖會變粗，高度可達1公尺以上。種植時要避免寒冷與高溫多溼的環境，建議種在排水良好的土壤中。

珊瑚鐘

珊瑚鐘分布範圍從墨西哥北部到美國亞利桑那州一帶，是虎耳草科多年生草本植物。初春時開在長長花莖前端的壺形小花，足足可觀賞2個月之久。性喜半日陰環境。

盆器

這次使用的是義大利製的赤土陶器大盆。面積較廣，可讓高矮不同的植物看起來更具協調美，排水性與通氣性也非常優異。

玫瑰

自古以來就深受喜愛的薔薇科落葉灌木，世界上約有200種原生種。可概分成分株性、爬藤性與半爬藤性3大種類。這邊所使用的是適合合植盆栽的分株性迷你玫瑰。性喜富含腐植質的用土。

白頭翁

白頭翁是毛茛科的球根植物，分布在北半球的溫帶到亞寒帶。據說在17世紀時就已經改良出與目前幾乎相同的花形與花色出來了。建議栽植在陽光充足與排水良好的場所。

三葉草

三葉草是豆科植物，約有300種分布在北半球。生長在山林中的白花三葉草與紅花三葉草都是同屬一類。這邊所使用的是葉子顏色類似青銅的種類。夏季時建議要擺在通風良好的半日陰環境。

使用淡粉紅色的可愛迷你玫瑰，隨風搖曳的藍紫色薰衣草，再加上較大一點的蓬蒿菊，完成一個令人印象深刻的合植。只要組合個性十足的花朵，就可以營造出陽光普照的感覺，與輕鬆愉快的氣氛。此外，再以粉紅與紫色所統整的柔和花色，配上三葉草與珊瑚鐘的葉色，即可統合整體印象。

how to make

準備工作

植栽要點

與其使用一般草花用的培養土，倒不如使用排水良好的用土。不過，玫瑰最忌缺少水分，因此也要顧慮到保水性，建議可以多放一些兼具排水性與保水性的小顆粒赤玉土。這次使用的是以小顆粒赤玉土5：草花用培養土3：腐葉土1.5：蛭石0.5的比例所混合的土壤，最後再加入少許的緩效性肥料。

綠手指不可不知

薰衣草的二三事

薰衣草這個名字，是源自於拉丁文中「Laval(清洗)」這個單字，除有了淡雅的香味之外，還具有殺菌作用。不僅僅只有花朵具有香味，莖與葉子同樣也有香味，只要混植在花壇與合植盆栽中，就可以發揮防治害蟲的效果。

Step by step 動手做，好簡單

check point

- 土壤表面一旦乾燥就要施加充足的水分，特別是玫瑰更要仔細的澆水。
- 可在每個月施加緩效性化學肥料的置肥。
- 玫瑰開完花後，就要將長著花朵的莖部帶著5片葉子切下來，即會再陸續地綻放出美麗的花朵。
- 進入梅雨季節前，薰衣草與玫瑰要先種在別的盆器中，並將薰衣草的花穗盡早摘除，以防合植盆栽過度悶熱。

1 首先鋪上防蟲網，再放入盆底石，深度約為盆器的1/10到1/5高。為了讓排水性更好，盆底石可以多放一些。

2 放入混合了緩效性肥料的用土，分量大約是讓高度較高的薰衣草的株基部可以距離盆緣3公分左右，至少要將盆底石完全遮蓋住。

3 將最大的薰衣草種在盆器的中央。根部若是有所損傷會使得植株衰弱，因此若事先拔除根缽，必須注意不要弄鬆根部直接種植。

4 在薰衣草的右側種植2株玫瑰，同樣不要弄鬆根部。放入玫瑰時，要讓玫瑰朝向盆器邊緣自然的擴展開來。

5 蓬蒿菊會往橫向生長，因此稍微偏向左邊，留下一點空間來種植。像蓬蒿菊這類莖部會木質化的植物，種植的時候一樣也不要弄鬆根部。

6 珊瑚鐘是喜歡半日陰環境的植物，適合種在其他植物的根部邊緣來裝飾。使其置身於蓬蒿菊左後方的感覺一般，種植在蓬蒿菊與薰衣草之間。

7 以青銅色占據住盆器的兩側一般，將三葉草種在與珊瑚鐘相對的位置上。種植時，要讓三葉草的角度有如要從盆器邊緣傾洩出，增加整體的生動表情。

8 將白頭翁種在三葉草與蓬蒿菊的中間，注意不要弄傷下垂的長長花莖。在各個植株之間補足用土，再施加水分。

盆花配置

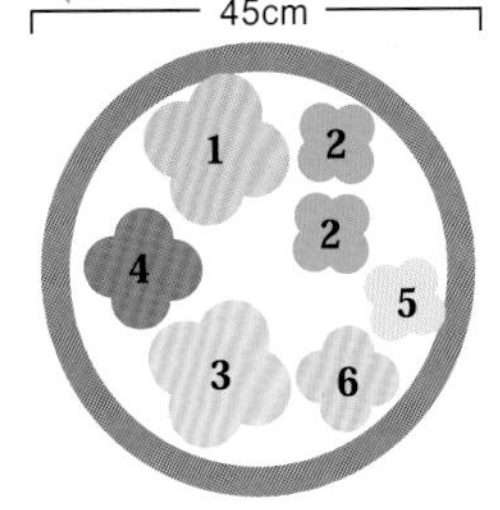

1.薰衣草　4.珊瑚鐘
2.玫瑰　5.白色三葉草
3.蓬蒿菊　6.白頭翁

匯集葉形別致、花色五彩繽紛的小型蘭，製作一盆清新雅致、充滿神秘感的合植盆栽吧！

躍動的五彩音符

顎蘭・穗花一葉蘭・三尖蘭・香蘭・卷柏・常春藤

穗花一葉蘭

產自東南亞、新幾內亞的著生蘭，多半著生於樹木或岩壁，偶有地生。花小，花序總狀呈兩列，直立或下垂。花莖下垂的品種適合種植吊盆。冬季必須放置在溫度攝氏10度以上的場所。

顎蘭

產自中、南美的著生蘭，特徵為莖部每隔2～3公分有狹卵形假鱗莖密生，花中央為深黃色。有些品種會散發香味。春至秋季必須放置在半日陰處，冬季則放置溫度10度以上的場所管理。

常春藤

五加科常綠蔓性灌木，是生性極為強健，在任何環境下皆能生長的植物。葉面大小與葉色種類繁多，可以搭配合植盆栽的植物種類，挑選適當的品種。

鐵花架

此為附把手的鐵製花架，其腳架與把手曲線優美，極為透氣，最適合用來種植蘭花。外形簡單的花架可以充分襯托出植物美。

香蘭

以著生蘭做品種改良後所誕生的園藝品種，此為代表品種之一「*lava burst*」。香蘭一般是一支粗莖分出2支花莖，常年開花不斷，雖較耐熱，但5～9月間仍必須避開日光直射。

三尖蘭

主要分布於安地斯山區，自墨西哥至南美皆可見其蹤影的著生蘭。特徵為筒狀、杯狀花瓣尖端細長，好高溼，生育期間必須充分澆水。忌熱不耐寒，夏季必須放在涼爽的環境，冬季則在攝氏10度以上的場所管理。

卷柏

卷柏科常綠植物，乍看之下類似苔蘚的卷柏為著生岩壁的蕨類植物，葉片似扁柏為其特徵，多半用來覆蓋觀葉植物的根基部。好排水良好、富有機質的土壤，但必須避開日光直射。

蘭科植物之所以吸引人，除了外形千變萬化，花期長，具有其他植物所沒有的異國風情也是主因之一。特別是近似野生蘭的小型品種柔美討喜，具有平易自然的魅力。以泥炭苔將數種蘭花合植在鐵花架上，可充分襯托出蘭花本身嬌豔嫵媚的氣質。

how to make

植栽要點

蘭花根部必須接觸空氣，否則會立刻罹患根腐病，因此以排水良好的介質與透氣的盆器定植是植株健壯生長的祕訣。為了防止土壤四散，此處改用能夠輕易固定植株的泥炭苔。泥炭苔在使用前必須放入水中浸泡，等充分吸水後再擰乾使用。此外，直徑1公分左右的小石礫與樹皮亦是適合定植蘭花的介質。

綠手指不可不知

唇瓣——蘭花最迷人的地方

蘭科植物的花朵左右對稱，花瓣3片、萼片3片，上側2片成對，下側1片的中央花瓣外形多變而美麗，我們稱為「唇瓣」。野生蘭多半為蟲媒花，為了引誘昆蟲達到授粉的目的，唇瓣的形狀與色彩才會千變萬化。像「dancing」、「lady」、「orchid」等皆是以唇瓣的形狀來命名。

check point

- 放置室內隔著窗簾遮光的日照場所管理，要通風良好，但必須避開冷暖氣通風口。
- 泥炭苔表面乾燥時必須充分澆水，冬季空氣乾燥時，必須對所有蘭花做噴霧，並且要勤於對常春藤與卷柏的根基澆水。
- 生長期每月加2次稀釋液肥。

1 在鐵花架底部鋪上防蟲網以免泥炭苔掉落。盆底石只能使用在較深的盆器中，圖中淺盆不使用。

2 將高度最高的穗花一葉蘭植入正後方，要連同原有的泥炭苔定植。若是種植在較深的盆器中，必須事先鋪上泥炭苔讓植物的株基與盆緣的高度相合。

3 將顎蘭植入穗花一葉蘭前方。若植株重心不穩，可將浸泡過的泥炭苔擰乾，填滿株間與根球下方。

4 在顎蘭右方植入香蘭。用手摘除受傷的葉片會使莖部受創或罹患疾病，必須用剪刀自葉腋剪除。

5 將三尖蘭植入香蘭的右後方，接著以泥炭苔固定植株。定植時必須注意避免傷及細長的花莖與花瓣頂端。

6 在三尖蘭右前方鋪上泥炭苔以防土壤流失。接著將卷柏拔出盆器，清理完盆土後靠花架邊緣植入。其他植株的周圍也要用泥炭苔固定。

7 為了防止土壤流失，在卷柏的對角線另一側鋪上泥炭苔後植入常春藤。常春藤拔出盆器後放在報紙上輕輕拍打將盆土清理乾淨。

8 最後再用泥炭苔補滿株間空隙，高度較植物株基部高一些。取下支撐香蘭花莖的支柱，並對常春藤與卷柏澆水，再對著所有蘭花整株噴霧。

盆花配置

1.穗花一葉蘭　4.三尖蘭
2.顎蘭　5.卷柏
3.香蘭　6.常春藤

外形奇特有趣的多肉植物大集合，組成一盆如同置身宇宙的合植盆栽。

夢遊綠色幻境

蘆薈類・燈籠草・青鎖龍類・蓮座草類・仙女花・長生花類・佛甲草類

蓮座草類(4種)

產自墨西哥的景天科肉質草本植物，植株多半低矮，葉形短而緊密排列為主要特徵。所有品種皆由人工雜交而成，須放置向陽處同時保持乾燥。

青鎖龍類

原產於南非的景天科肉質草本植物。其外形變化豐富，軟質葉葉緣多半有纖毛。每個品種的耐寒性各異，但幾乎都要放在向陽處並保持盆土乾燥。

長生花類(2種)

景天科肉植草本植物，原產於歐洲、高加索地區、摩洛哥等地。生性極為耐寒，7～8月遮蔽強烈日照便可常年種植於戶外。平時要控制給水。(此圖只能看到其中一種。)

盆器

這次使用大理石材質的盆器。大理石隔熱性佳，可保護植物避免受到劇烈的氣溫變化影響。大口徑盆器最適合用來種植大量植株低矮的肉質草本植物。

燈籠草(4種)

產自熱帶非洲、東印度等地的景天科肉質草本植物，大小、形狀、顏色皆相當富有變化。較不耐寒，須保持乾燥，冬季期間放置溫暖場所。

蘆薈類(3種)

高達400種的百合科肉質草本植物，產於南非、衣索比亞等地，一部分可作為藥材。必須在向陽處管理，盆土乾燥時就澆水，冬季則不需要。

仙女花

產自南非開普敦的番杏科肉質草本植物，與松葉菊同科，生性極為耐寒。必須放置在日照充足的場所保持乾燥。夏季會開出像黃菊花般的花朵。

佛甲草類(2類)

除了大洋洲外，遍布全世界的景天科肉質植物。喜好排水良好的土壤與向陽環境，具有蔓性生長的特性，最適合作為花壇的地被植物。

有些圓形肉質葉層層相疊，有些頂端如同長角，奇形怪狀的形態仿佛是來自外太空；將數種多肉植物組合在一起，奇特的外形不禁令人無限遐想。多肉植物的種類眾多，合植時盡量挑選栽培條件相近的品種。為了突顯這類植物的色彩與外形，可合植在純白色的盆器中。

how to make

準備工作

植栽要點

此合植使用向陽土、小石礫、桐生砂(細顆粒)1：1：1的比例所混合的土壤，外加等量比的薰炭米糠與泥炭苔(總量占土壤1成)，時間一久團粒構造也不易被破壞。一週澆一次水，梅雨季節等多雨時期禁止澆水。夏季減少給水量，可較易促使花芽生長。每月加一次釋稀液肥即可，可在澆水時一同加入。

綠手指不可不知

肉質植物存在的原因跟生長環境有關

肉質植物多半生長在極度乾燥，日夜溫極大的沙漠地區，因為生長的環境嚴苛，演化出葉、莖、根部肥大(肉質)，能以自身組織儲存水分的構造，也造就了其獨特的外形。另外，高山岩地與草原區也可以看到常年好低溫的高山性肉質植物。

Step by step 動手做，好簡單

check point

- 管理上應常保持乾燥，梅雨季時須避免過度潮溼，進入秋季須逐漸控制給水，冬季出現枯萎現象時對葉面噴霧。
- 佛甲草類植物會布滿盆土，不久即蔓爬出盆緣，須視情況加以修剪。
- 株形瘦高的燈籠草也要修剪。

1 鋪上防蟲網後再鋪上2～3公分高的培養土，然後加上少量緩效性肥料拌勻。將體積最大的2株蘆薈並列植入中央偏後方。

2 盆內鋪滿8公分高的土壤，將瘦高開花的燈籠草種在左側蘆薈類(A)的後方，同類但植株低矮的燈籠草則種在2株蘆薈類的中央前方。

3 將剩下的3株燈籠草植入。先將葉緣鋸齒狀的種植在2株蘆薈的後方中央，銀葉種則植入其旁，莖部匍匐型的種在右側蘆薈類(B)的前方。

4 蘆薈類與燈籠草的位置大致決定之後，接著將低矮的植物鋪滿地表。先在(A)蘆薈左後方沿著盆緣植入3株青鎖龍類，讓紅色肉質葉葉若隱若現。

5 將8株蓮座草類分成4株一組，分別種在盆器最後方與(B)蘆薈的右斜前方。較高的蓮座草類須排在青鎖龍的右方做強調修飾。

6 盆器前方植入株高更低，葉色不同的植物。補上少量土壤後，將5株仙女花植入盆器右前方，3株長生花類種在(A)蘆薈左前方。

7 接著將1株小型蘆薈(C)沿著盆緣植入盆器的正左側，用以強調排列在盆器前方的小型肉質植物。

8 補滿土之後，將切除根球下半部的佛甲草類植物植入(C)蘆薈的周圍補滿空隙。最後將株間空隙補滿土，小心將葉片上的髒污清乾淨再澆水。

盆花配置

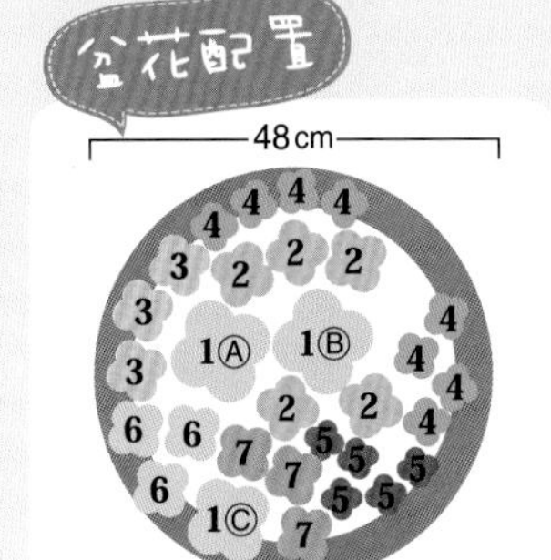

1.蘆薈　5.仙女花
2.燈籠草　6.長生花類
3.青鎖龍類　7.佛甲草類
4.蓮座草類

花・草・生活 04

創意合植輕鬆玩

出版社：京中玉國際股份有限公司
發行人：李明玉
圖文資料：閣林製作中心
執行編輯：吳伯玲、蕭宇芳
封面設計：凱歐廣告
美術編輯：岳冬梅
責任校對：邱石琳
地址：臺北縣中和市建一路137號6樓
電話：(02)8221-9888
傳真：(02)8221-7188
閣林讀樂網：www.greenland-book.com
E-mail：green.land@msa.hinet.net
劃撥帳號：19040532
登記證：行政院新聞局局版北市業字第945號
出版日期：2010年11月初版
定價：300元
ISBN：978-986-7672-99-5

國家圖書館出版品預行編目資料

創意合植輕鬆玩 / 閣林製作中心文.圖. -- 初版.--
臺北縣中和市：京中玉國際, 2010.11
216面；18.5×23.5公分
ISBN 978-986-7672-99-5(平裝)

1.園藝學 2.盆栽 3.栽培

435.11　　99018397